BUILDING MENTAL MUSCLE

训练智力的6项素质

[美]艾伦·布莱恩　大卫·加蒙　著
丁大刚　张相芬　译

华东师范大学出版社

图书在版编目（CIP）数据

训练智力的6项素质/（美）布莱恩，（美）加蒙著；丁大刚，张相芬译.
—上海：华东师范大学出版社，2016. 3
ISBN 978-7-5675-4811-4

I. ①训… II. ①布… ②加… ③丁… ④张… III. ①思维训练—通俗读物
IV. ①B80-49

中国版本图书馆CIP数据核字（2016）第043681号

版权合同登记号：09-2015-1133

训练智力的6项素质

著　　者：［美］艾伦·布莱恩　大卫·加蒙
译　　者：丁大刚　张相芬
项目编辑：储德天　许　静
审读编辑：张　璇
特约编辑：陶媛媛
封面设计：高静芳

出版发行　华东师范大学出版社
社　　址　上海市中山北路3663号　邮编 200062
网　　址　www.ecnupress.com.cn
电　　话　021-60821666　行政传真 021-62572105
客服电话　021-62865537（兼传真）
门市（邮购）电话　021-62869887
门市地址　上海市中山北路3663号华东师范大学校内先锋路口
网　　店　http://hdsdcbs.tmall.com/

印 刷 者　宁波市大港印务有限公司
开　　本　890×1240　32开
插　　页　2
印　　张　9.75
字　　数　118千字
版　　次　2016年5月第1版
印　　次　2016年5月第1次
书　　号　ISBN 978-7-5675-4811-4/O·267
定　　价　32.00元

出 版 人　王　焰

目　录

序　言

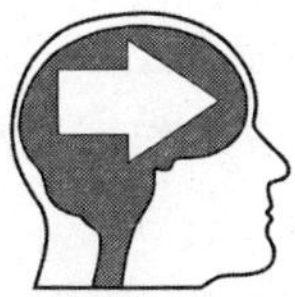

执行和社交

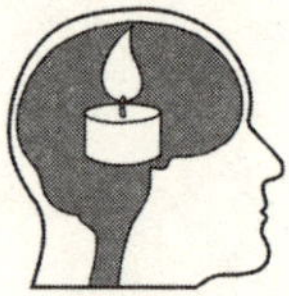

记忆

情感

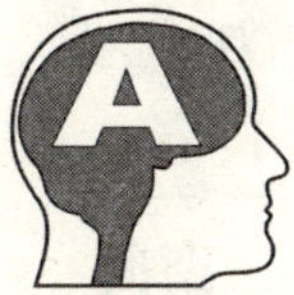

语言

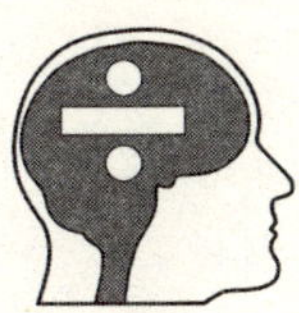

数学

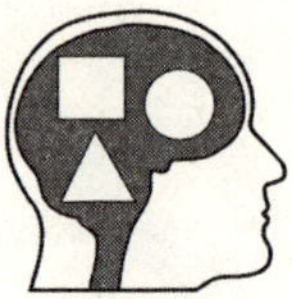

空间

神经元

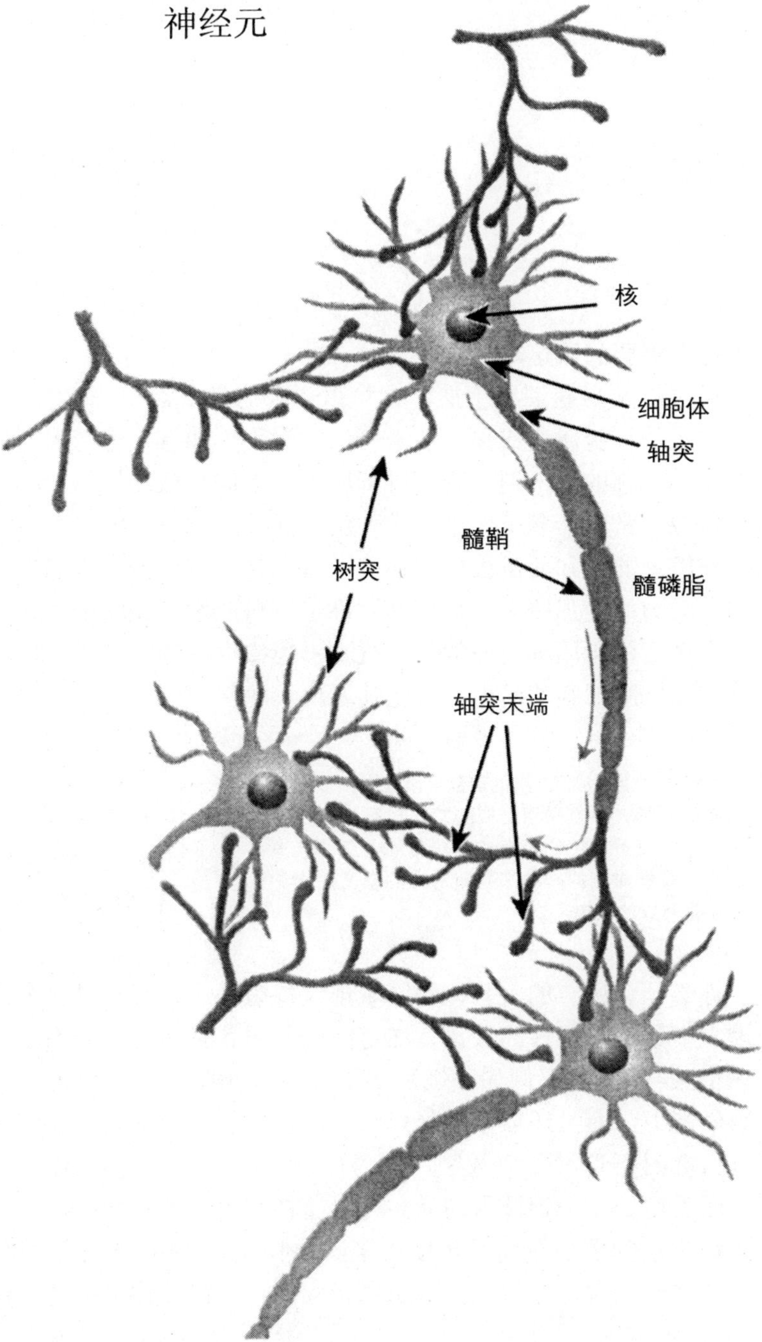

序　言

你为什么需要阅读这本书

通过这本自我训练手册，你可以了解有关大脑6个智力区域工作方式的最新研究成果，从而可以激发你更加有效地运用自己的大脑。本书的思维训练题可以刺激大脑不同区域的细胞，其中包括你在日常生活和工作中不常使用的区域。你有可能出于对大脑工作机理的无知而不去使用那些区域，你也有可能是没能保持细胞的活力而使那些区域被废弃，你也有可能由于无动于衷、懒惰或衰老而停止用脑……但是通过本书思维训练题的刺激可以保持那些区域脑细胞的活力，防止其退化。

执行/社交区 大脑皮层的前部可以让你预知未来的目标，并且采取必要的措施执行你的计划。它还可以使你更有成效地与他人交往，包括观察对方的举动来判断对方的态度并作出最有效的反应。

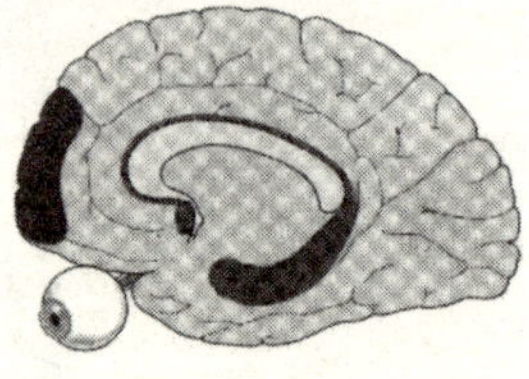

你必须让所有的大脑认知区域都保持敏锐。在现实世界中，处理大多数实时事件的最佳方法是综合利用各种能力，而不是单单凭借某一种能力(例如，饭后买单计算金额时，你不仅需要运用数学能力，而且还需要运用短时工作记忆能力，从而保证你在进行心算时不遗漏任何数字)。保持认知区活力还可以使你在其他方面受益。一个领域内的能力可以迁移到另一个领域去，从而增添你生活的情趣，而且可以带来其他收益(例如，当你学习数学中的区间图时，你可能会联想到音程图，从而使你更加喜欢音乐。反之亦然）。

因为有了大脑，才有了你的存在。大脑是你最好的工具。人类的进化使我们具备了一个如此有用的工具箱，使我们的大脑能够在工具箱中找到最好的工具，调整并使用这个工具。人类大脑不断进化，并且使其下面的有机体保持强大的活力，从而可以使人类能够集体跟踪和捕杀比人更加强壮、迅猛的猎物——然后找到回家的路，穿越远古的平原，返回悬崖上的洞穴。大脑使人类度过了冰川时代，活过了沙漠吞没家园的干旱期。但是，这个工具也会生锈。

记忆区 记忆是所有认知能力的基本组成部分。大脑把它认为有用的信息进行编码，并将其储存在大脑皮层中，存储位置一般靠近与记忆的各个组成部分有关的感觉区域。在储存之前，输入的信息首先要经过大脑内部较为原始的区域，并且为了生存的需要会作任何必要的处理。

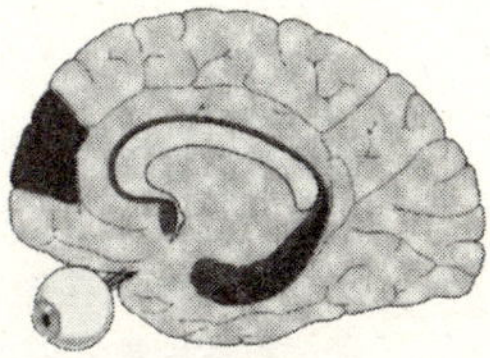

当携带你生命信息的脑细胞不被使用时，它们就会获得你不需要他们继续生存的信息。这时，它们就准备退出舞台。这和自然界中所有其他事物是一样的，有机体的存活不再需要的东西，就没有继续存在的必要。那些不被使用的细胞收缩它们树枝状的“手指”，不再与其他细胞分享信息。此时，每个闲置的脑细胞都会使你认知周围事物或成功实现目标的能力减少大约十亿分之一。对大脑功能的最新研究支持了“不用则废”的说法。

情感区 我们常常不能有意引发或自觉控制自己的情感反应。这些反应可能是在大脑较早完成进化的中心部位进行处理的，而不是在大脑外皮层。大脑的主要功能是保证生存，而非用来思考，因此情感反应常常在潜意识层进行。

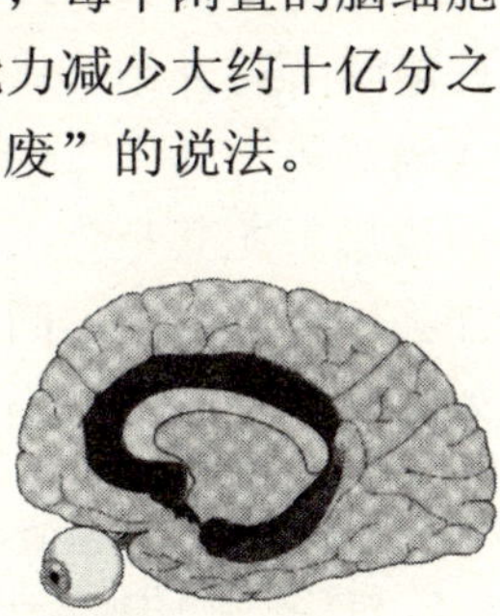

我们希望本书的内容能够启发你去磨炼自己的思维工具，丰富你现在以及将来的生活（另外，本书所提供的信息本身也非常吸引人，它可能会使你突然发现自己置身于社交的中心，成为人

们关注的焦点)。我们重申：无论从何种意义上讲，正是有了大脑才有了你的存在。大脑是你获得成功和满足的最好工具。

本书编写结构

本书包括对人类大脑功能研究的简明报告以及与之相关的自我测试和思维训练。编写者只选取了那些与我们日常生活密切相关的话题，不需要具备科学背景知识就能够理解。他们将这些研究报告总结为我们运用大脑的6个智力区：执行/社交、记忆、情感、语言、数学、空间。在你学习完每个研究报告之后，可以自行完成后面相关的脑功能自我测试或思维训练。

语言和数学区 使“树木”成为“森林”的细节信息主要在接近太阳穴的大脑皮层的左侧进行处理。另外，在颞叶附近的大脑部分控制着语言，包括抽象的理解力和说话时的肌肉运动。

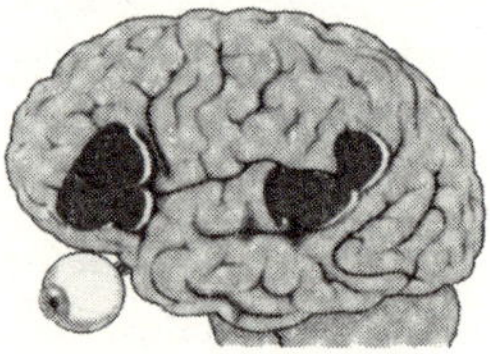

思维训练是对你大脑的有趣挑战，常常以谜题的形式出现。它们可以从两个方面锻炼你的脑力：首先，它们可以帮助你增强持续的专注力，就像有氧运动可以帮助你增强持续运动所需要的身体毅力一样。专注力是有意识记忆所必需的第一步。其次，这些趣味练习介绍了许多不同种类的信息——数学、语言、空间、逻辑等等，其中肯定有一些信息会带给你全新的体验。那些全新的信息，尤其是你组织这些信息去解决问题时所获得的体验，将加强你大脑细胞之间的联系，而这将在以后帮助你学会找到最有效解决问题的模式。

空间区 进入大脑的有关大小、比例、形状、相对体积和其他空间数值的感觉信息主要是由大脑右侧的神经细胞处理的。大脑皮层后方的有色区域（右侧）标明的是枕叶区域。视觉信息首先在这里进行处理，然后被发送到其他部位进行解释。

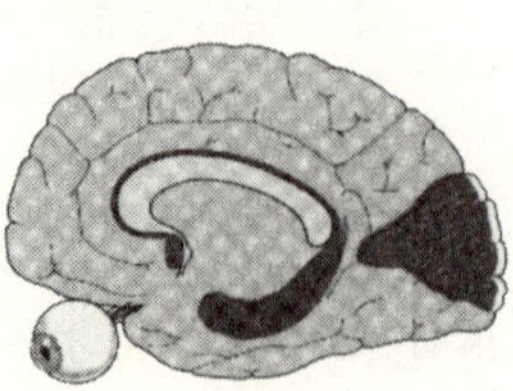

解决这些练习的时候，如果需要帮助，你可以参考书中的提示(练习题下面倒置的文字)。这些练习题的目的是刺激你的神经活动，而不是给你出难题。

自我测试可以让你系统检查相关文章所讲述的功能或现象。这些测试题不需要有任何前期准备的知识。这些测试题与科学实验的测试基本相仿。通过完成这些测试题，你可以观察自己解决问题的能力。你可以运用那些通过科学实验所产生的评判标准来大致地估量你的得分。另外，完成这样一个自我测试的过程，包括遵循题目的说明，还将挑战你的专注力和其他记忆能力，从而帮助你强化这些能力。这与做趣味练习的作用是一样的。

每个练习或自我测试标题旁边的图标表明了6个智力区的哪一个区域将会受到刺激性训练。

书后附有思维训练和自我测试的答案(困难始终是会有的，但我们不会将你置于困境而不顾)。

艾伦·布莱恩和大卫·加蒙博士　于科德角

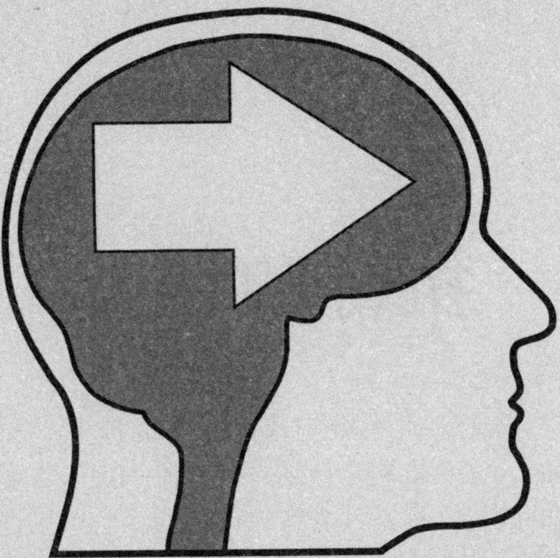

执行和社交

执行和社交

这是人类大脑中最后进化完成的一个智力区。它负责制定计划，并有意识地去实现未来的目标，这是人类特有的能力。它可以选择最佳的社交途径，从而获得最大的长期利益。它可以从长期记忆中检索信息，并在未来需要的时候使用这些信息构建类似情景。它是人类“特征”的核心，即人类一系列与社会责任有关的持续行为的中心所在。

如果说大脑皮层使我们人类有了独特之处，那么前额后面的大脑皮层部分则主要负责我们与动物之间的差异。很明显，正是大脑的这个区域主要负责自我意识的产生。它使我们能够内省、能够思考；它使我们不仅能够行动，而且能够意识到我们正在行动的事实；它使我们权衡其他可能的行为；它使我们能够选择不行动；假如我们不行动或我们没有意识到要行动，它使我们能够想象这个世界会是什么样子。

作为大脑中最后发展起来的一个部分，它还储存着我们个体中最脆弱的部分——需要高度有意识地练习的能力，如逻辑、计划、监控自我行为、实现预期目标等。在成长为一个具有社会责任心的人的过程中，我们在生命的早期花费了大量的时间学习如何减缓来自大脑较底层的冲动。在我们接下来的生命的大部分时间里，这些不同系统之间的冲突——情感与理智、性欲与智力、自发与自控——注定了我们要在自助活动和心理治疗方面花费很多钱财。

然而，有意识、有计划、以目标为导向的行为和情感并非都相互抵触。要知道，为了向一个目标迈进，对目标的期望加以肯定是有助于实现目标的。

大脑扫描显示：当你拥有积极情感的时候，你的左额叶被激活；当你产生消极情感的时候，你的右额叶被激活。当我们还是个婴儿的时候，有些人的大脑就已经在一个或另一个区域表现出较低的活动水平。如果你的“积极”额叶天生活动就少，你可能在有明确目标的智力工作中不会取得太大的成功。有些额叶损伤的人同时丧失了情感和决策的能力；还有一些人可能会因此变成穷凶极恶的罪犯。另外，“预感”和“直觉”这些处于理智与情感之间灰色区域的冲动也处在额叶部位。

一方面，执行功能很弱；但从另一方面讲，执行功能是最容易通过训练而得到提高的。想要精于信息的组织并使其为己所用，最好的办法就是运用你的大脑去努力钻研。因为，只要你愿意付出努力，那么你的大脑额叶的功能很容易通过有意识的努力而实现，这比学习调整由脑干控制的身体节奏容易得多。

大脑的哪一部分使你个性独特?

大脑的哪个部位或哪几个部位确定了一个人具有与众不同并且稳定的个体特征？这是目前神经科学所面临的一大难题。把大脑的某些区域赋予特定的能力和功能的研究已经取得了许多成果：海马区与记忆形成有关，杏仁核与情感处理有关，沿大脑外侧裂区域与语言能力有关。但是，自我意识的主控中心在哪里呢？大脑的哪个区域使人类不同个体之间有了区别？是大脑的哪个区域不顾情绪、情感和动机的波动，把各个器官统一到一个稳定的自我意识之中呢？就像卡尔文和奥杰曼的癫痫病患者在《与尼尔的脑对话》中所问的问题："真正的我在哪里？"

自我特征意识是幻觉吗?

卡尔文和奥杰曼指出，这种稳定的自我意识并非像我们有时想象的那样真实。大脑中似乎有许多不同的区域都在竞争主导大脑的权力，结果会造成某个区域在某一特定的时刻胜出。我们感觉到的自我特征意识，可能源于任何时刻都只有一个获胜者这一事实。

但是，如果大脑中存在决定自我特征的核心部位，那么额叶很有可能包含这个部位。这个区域是大脑中最后进化完成的。它可以使人想象未来的目标，并且采取恰当的行动。当部分额叶由于疾病(例如肿瘤或中风)或损伤而停止发挥功能时，这种能力也随之会遭受损失。

当你不再是你时会发生什么?

额叶受损的一个最著名的、最富有戏剧性的病例发生在菲尼亚斯·盖奇身上。年轻的菲尼亚斯是一个前途无量的铁路施工队的工头。1848年，一根铁棒捅穿了他的上颌，穿透了他大脑的中前部。虽然他存活了下来，而且在某些方面恢复得非常好，但是他却从一个说话温和、有责任心的人变成了一个满嘴脏话、行为古怪、对他人漠不关心、粗俗的人。他的朋友们抱怨说他变成了另外一个人——他“不再是从前的盖奇了”。

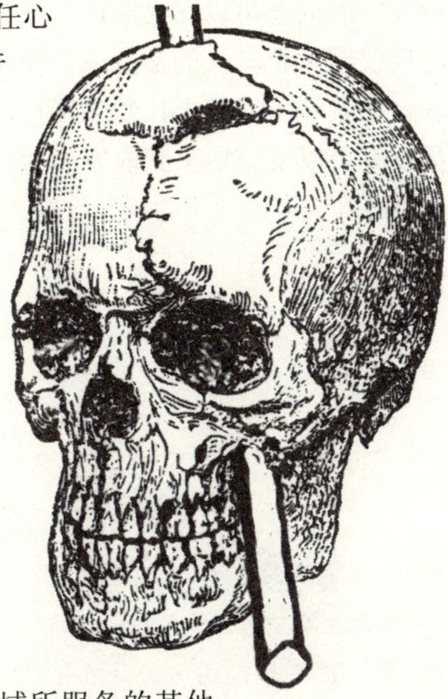

一般说来，额叶受损所表现出来的与个性有关的症状包括动机、心情、情感表达的变化以及计划或决策能力的变化。许多病症包括可靠性或预见性降低、不当的社会行为、忧郁症、异常欣快、嗜睡等。

我们可以通过大脑前部区域所服务的其他部位的功能来理解这一普遍症状。背部额叶系统与大脑其他部分相连，这些部分参与有序信息组织与处理。腹部系统与情感区域相连，包括三个不同的边缘系统。额叶前部大脑皮层不仅与所有的感觉区域有紧密联系，而且还与运动区域有联系。这使得额叶前部的大脑皮层被人们誉为“最终的共同通道”，整合来自大脑不同区域的信息，从而作出恰当的动作反应。

意识是一种联系，而不是孤立的事件或地点

根据一些专家的研究结果，额叶的病变可以根据自我反省的意识(认识自己以及自己与他人和环境的关系的能力)来分类。根据对儿童的研究，“元意识”——也就是意识到自己在意识的意识——取决于相对晚期的婴儿额叶下方部位的发育。那么，额叶中似乎存储着对稳定的个体来说至关重要的整合区或联合区。如同认知能力具有多方面的特征一样，对于困扰人类意识和自我特征的源问题可以在大脑许多部分之间的联合区找到答案，而不能仅仅看一个独立的部位或“模块”。但是，我们有一个这样的联合区就够了，整个认知装置(区别你我的独特联合区)的“驾驶员”就可以安稳地坐到前方的驾驶室了。

菲尼亚斯·盖奇的故事

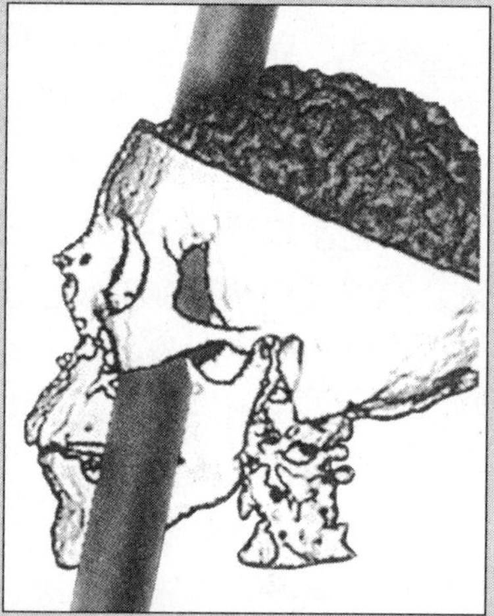

这张图片是经过电脑重组的菲尼亚斯·盖奇的颅骨。菲尼亚斯·盖奇是铁路施工队的工头。一天，他正在填塞炸药并用铁棒夯实的时候，突然，一个火星点燃了炸药。爆炸使一根撬杠大小的铁棒刺入了菲尼亚斯的面颊，经过前额叶大脑皮层，最后从前额穿出。而此后他生活了14年。此前，没有人知道这根铁棒带走的菲尼亚斯那部分大脑的功能——想象未来事物。这就是众所周知的“执行”功能。

这个功能使象棋大师可以预见一步棋的后果，使商业管理人员可以策划业务拓展。我们都使用它来计划一系列家庭杂务的先后顺序，以及与人交往的途径。

从这场事故恢复之后，年轻的菲尼亚斯从一个友善的朋友和有责任感的工头变成了一个满口脏话、不可靠的社会无赖。

练习：混乱的卡通

你的额叶可以设计众多事件的最佳顺序，从而实现预期的目标。试着将7~11页上的5套混乱的卡通组合成最有趣的序列。将它们重新排列顺序。

A

（下页继续）

B

（下页继续）

c

（下页继续）

D

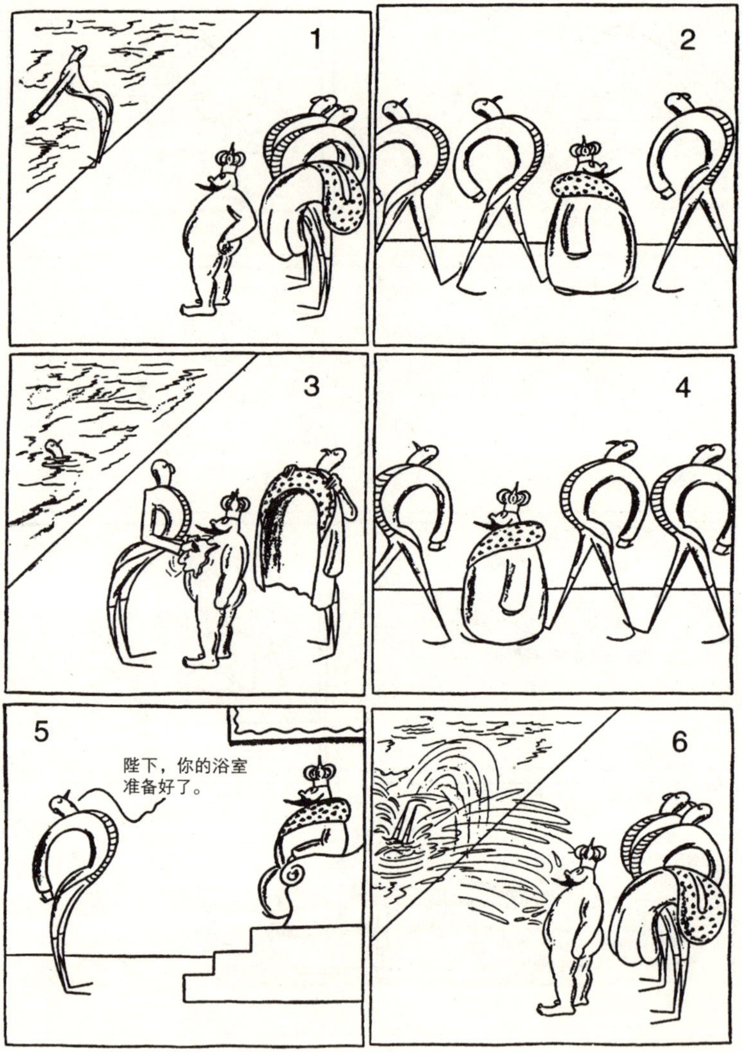

（下页继续）

E

右额叶记录消极情感：这一事实对我们有多大用处

我们有时认为情感（恐惧、快乐、愤怒）与确定并实现目标所需要的推理、计划、逻辑能力是完全对立的。这种观点只能说部分正确。理由如下：

情感是在额叶进行处理的

额叶是大脑多个情感中心的交叉口。消极情感（厌恶、恐惧、愤怒等）被记录在右额叶；而高兴等情感则被记录在左额叶。我们是怎么知道这一点的呢？首先，根据脑电图的读数显示，当人们面对激发某种情感反应的刺激物时，比如看一只狗在吃它自己的呕吐物的图片，大脑的这些区域会被激活。

情感与理智是相互联系的

额叶还控制着管理功能，例如意图、有意识的自我调节、计划等。左额叶受损的人可能无法设计一个很简单的活动顺序，甚至不能够进行自主活动，而且他们可能变得情绪低落、无动于衷、抑郁。与方法步骤有关的行为，也就是指向一个具体或隐蔽的目标的行为，不仅需要设计一个实现目标的策略，而且需要开始行动的愿望。

抑郁与左额叶活动少相互关联

根据脑电图读数显示，有些人的左额叶活动水平低，这些人可能常常被贴上羞怯、内向的标签。他们的左额叶对于正面刺激物（例如电影中的愉快场景）也表现出较低的反应水平。右额叶活动水平特别高的人常常在危险面前感到焦虑和猜疑。人们常常把抑郁和悲伤与恐惧、愤怒和厌恶一道归类为消极情感。客观地讲，把抑郁归因为左额叶（“快乐区”）的活动水平低可能更好。抑郁不像愤怒那样在右额叶（“消极区”）表现出特别高的活力。

这是否意味着我一半是满怀渴望的进取者，而另一半是忧心忡忡的懦夫？

因为大脑的右半球控制着身体的左侧，左半球控制着身体的右侧，所以你可能会认为快乐应该更多地流露在脸的右侧，而厌恶、愤怒和恐惧应该更多地显现在脸的左侧。这个观点听上去好像是正确的(有人推测，蒙娜丽莎微笑的“神秘”之效在于：对于她而言，她的左脸在笑，而右脸没有笑。因此，脸的消极一侧是高兴的，积极一侧是中性的，从而导致了神秘莫测的表情)。有些心理学家认为，右脑大体上控制着情感。这种说法可能在感知他人脸上的情感时正确，但感受自己的情感时却不正确。

虽然左脑确实控制积极情感的体验，但右脑似乎对积极和消极两种情绪信号都能进行识别和处理。尽管我们认为左脑主要负责感受积极情感，但右脑在获取积极情感的面部表情信息方面却比左脑还强。另外，左脑不仅体验积极的情感信息，而且在加工积极情感信号方面也确实起到一定的作用。愉快的面孔呈现在右视野(左脑)时能够被更好地识别出来。同样，电影在右视野放映比在左视野(右脑)放映更容易激发愉悦的情感体验。

自我测试：判断情感；镜像

有一种理论说，蒙娜丽莎是达·芬奇的自画像。要是那样的话，达·芬奇一定是画了他自己的镜像。如果我们翻转这张画像，对于大多数人来说，会产生戏剧性的效果：画像失去了它“神秘”的品质，画中的人物似乎是在傻笑，甚至是在挑逗情欲，而不是神秘莫测。

在下面的两张图画中，哪一张是有神秘微笑的蒙娜丽莎？哪一张被翻转了，显示了达芬奇“挑逗情欲”的微笑？

这就是为什么玛丽姑妈总是认为我喜欢她的水果蛋糕

在识别消极的面部表情(例如恐惧或厌恶)方面，老年人比年轻人表现得差。这个发现支持了右脑先衰的假设——随着我们变老，右脑将比左脑衰退得快。也许这就是为什么某些左脑能力(例如词汇量)不会随着我们衰老而消退得那么快，而某些右脑能力(例如抽象的空间推理和面孔识别)会随着人的衰老而相对迅速地衰退。最近有一项研究，要求老年人和年轻人将面部照片按照感情分类(如高兴、恐惧等)。结果显示，老年受试者在辨别消极表情方面远不如年轻的受试者，但在辨别高兴面孔方面他们与年轻的受试者表现得一样好。

为什么处理消极情感的右脑最擅长识别他人面孔“积极”的一侧?

我们都明白，只有在面对面的时候我们才能够看到另一个人的面部表情。然而，大脑一侧所感知的情感却位于大脑另一侧的视野。换句话说，当正面看一个人的时候，你会把进入你视野里的他“消极”的一侧连接到你大脑 “处理积极情感”的能力，把他“积极”的一侧连接到你大脑“处理消极情感”的能力。这个似乎矛盾的事实表明，我们的大脑可以防止我们片面地看待他人。

所有这些听上去好像有一点逻辑谜题的味道，令人畏惧。如果你现在感觉受挫和反感，并且有一种想把这篇文章的作者掐死的念头，那么我们是采取基于右脑的消极退缩行为，还是处理基于左脑的积极进取行为呢?

练习：与一个人的“右”脸相处

观察下面的图解和照片，然后回答下列问题：

如果你与一个陌生人面对面站着，径直地看着他/她，你更有可能注意他/她个性的积极方面还是消极方面?

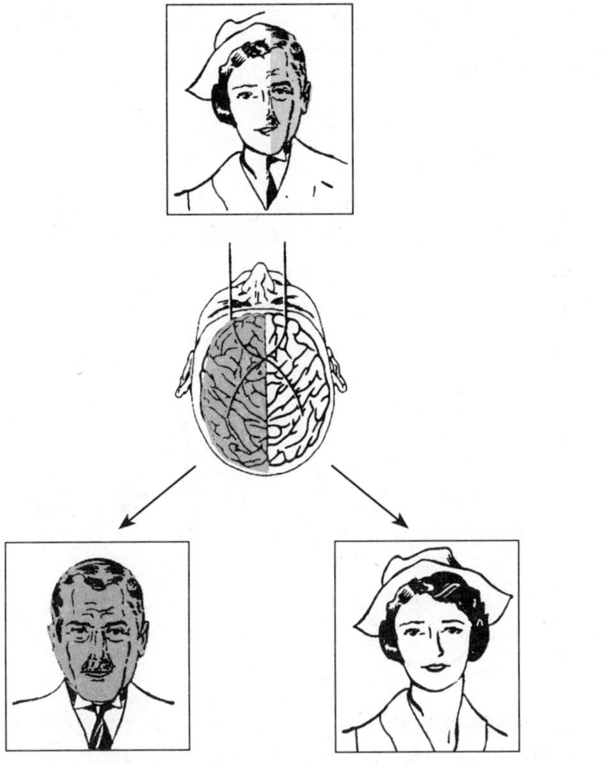

提示： 如分解图所示，大多数人的左脑处理右侧视野所获得的信息，右脑处理左侧视野所获得的信息。（例如，如果你的右脑受损，你可能会说你在图中看到的是一个愤怒的男人，而不是一个一半微笑一半生气的面孔。）

左脑更加擅长对积极情感的理解，但右脑似乎对各种情感都比较擅长。

右脑处理一个人自身的愤怒、厌恶、鄙视、恐惧的感受——消极情感。

大脑的左右两个半球各自控制着身体相反一侧的物理系统和属性。

自我测试：大脑如何观察面孔

哪张照片描绘了一个更苦恼的人？

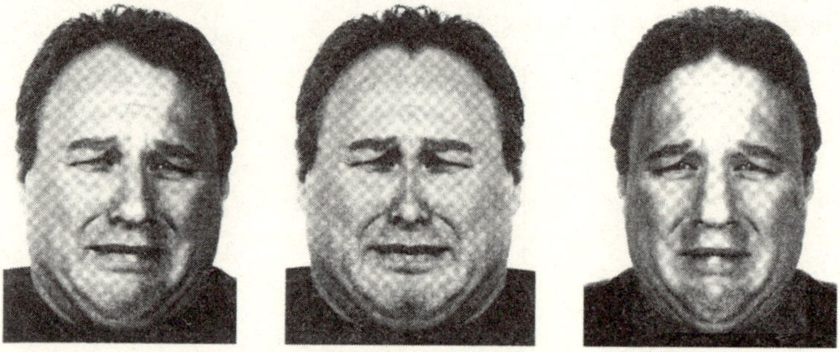

表达苦恼的一个人的照片　　**A** 左脸复合图：左右侧都是他的左脸　　**B** 右脸复合图

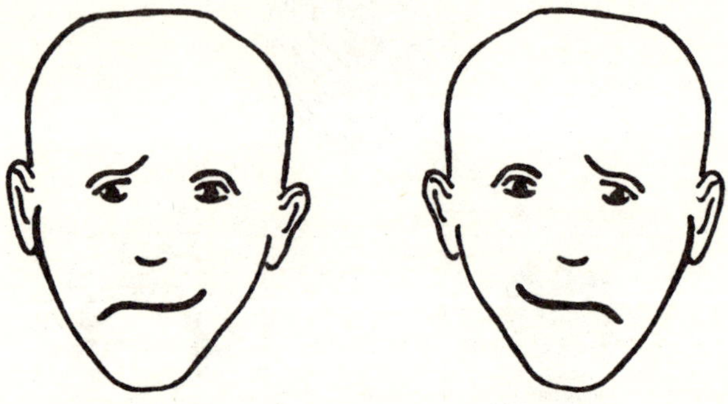

A　　B

哪一张面孔更高兴？对于大多数人来说，右脑主要负责对情感的理解。当你观察一个人的面孔时，鼻子左侧部分被右脑所理解。

(Illus. after Julian Jaynes, 1976)

上部照片提示：观察照片A、B中这个人的嘴。哪张嘴看上去更消极？当你冷笑的时候，你撅哪一边的嘴唇？

下部插图提示：大多数人都会根据一个人右脸的样子来理解情感——正面观察时左脑所看到的部分。观察每张图片的鼻子，确定哪一张面孔更高兴。大多数人会感觉面孔A悲伤，面孔B高兴。

自我测试：右脑型抽象概念理解

在下列空白处填写一个字母、数字或单词，完成每道题目。时间：10分钟。

例：*A E I O U*

1) 1 3 5 7 ___

2) AB CE CD EG EF G ___

3) blowhard hardhat hatcheck ___ mate

4) astray stray tray ___

5) toner tone ton ___

6) stone tone ton ___

7) stops ___ top to

8) snit in snot on prod or mode ___

9) polygram 12345678 pray 1674 ploy ___

10) gum gun bar bat sun sup lip ___

11) hole pit seed kick punt boat edge shore strengthen hurt ___ clever

12) bird crane stretch sprint run snag lozenge mint new note ___ beak

13) 7913 992 488 569 72155 614 ___

14) Q O M K I ___

15) din don fan fen pep pip cod ___

16) 289735 897352 973528 735289 _________

17) bib bib ton not 399 993 pin ___

18) JK KJ LM IH NO G ___

19) 37210 2 19903 1 48737 3 52209 9 47391 ___

20) retire rite strafe fart inept pen peruse _________

评分标准：20～39岁：8～12个正确＝一般
13～16个正确＝中等
17～18个正确＝良好
19～20个正确＝优秀

60～79岁：4～6个正确＝一般
7～10个正确＝中等
11～17个正确＝良好
18～20个正确＝优秀

40～59岁：6～10个正确＝一般
11～15个正确＝中等
16～18个正确＝良好
19～20个正确＝优秀

如何辨别欺骗：假笑和真笑

面部表情与特定情感的联系是普遍范围内的联系还是仅仅在特定文化内的联系？这是文化人类学中长期争论的一个问题。支持后一种观点的人引用一条证据说，根据环境的不同，笑可以表示许多种不同的情感：笑一方面可以表示发自内心的高兴或愉快，另一方面也可以表示窘迫、懊恼、怨恨等消极情感。

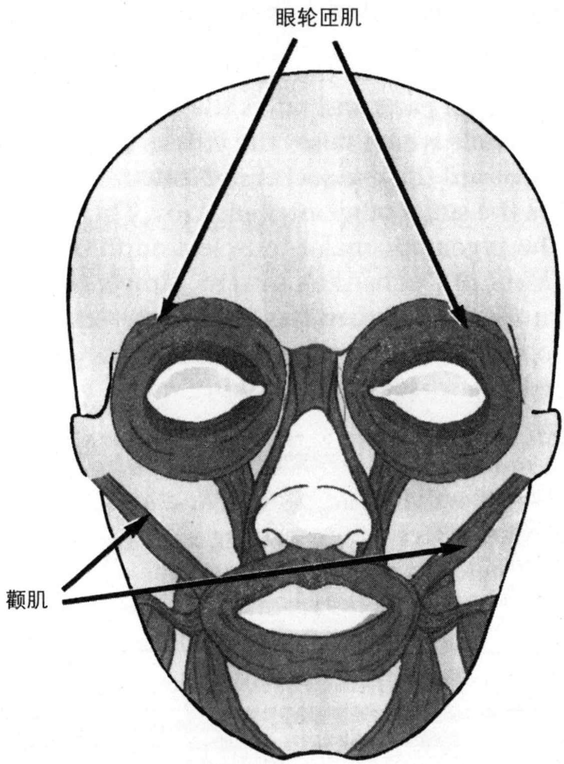

19世纪法国神经病学家杜尼·德·布伦说，面部肌肉的运动至少有两种不同的模式，而我们却用同一个词把它们混为一谈。一种运动需要一块肌肉使嘴唇张开并抬起(颧肌)，还需要另一块肌肉使脸颊抬起并且使面部皮肤向眼窝聚拢(眼轮匝肌)。他把这种肌肉运动确定为发自内心愉悦的笑。另一种笑只需要嘴边的颧肌运动。为了纪念杜尼的发现，加州大学的研究员保罗·埃克曼将发自内心愉悦的笑命名为“杜尼式笑容”，而另外一种笑有时被叫作假笑、社交的笑或伪装的笑。

当你真诚、愉快地笑时，你的左脑活跃；装笑时，左脑不活跃

用脑电图可以观察和测量处于正常、清醒并且活跃状态的受试者的脑电波活动情况。在一个实验里，受试者被要求做出杜尼式笑容，就像演员那样。在他们真正地发笑时，脑电图的指示数显示他们的左脑产生活动迹象，而左脑通常与愉快的情感有关。但当受试者只动嘴边的肌肉作出假笑时，左脑的活动迹象消失。也就是说，脑电图记录的大脑活动说明，他们在做杜尼式笑容时确实感到了高兴，而假笑时却没有感到高兴。

自我测试：眼睛说明一切

下面是眼睛透过面纱向外窥探的四张图片，其中只有一张图片表达了真诚、发自内心、愉悦的杜尼式笑容。其他三张图片分别表达了中性情感、傲慢和愤怒。请指出每张图片所对应的情感类型。

A

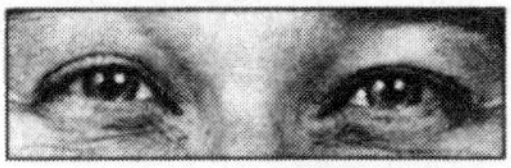

B

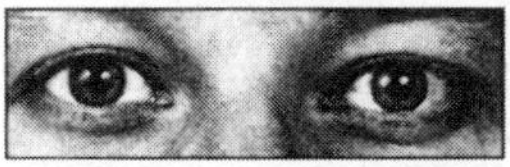

C

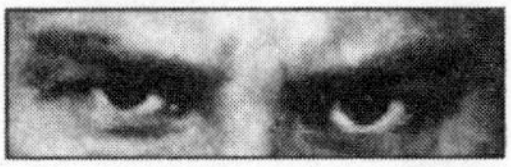

D

在下一页中，页面右侧揭示了脸的全貌。这其中只有一张脸的肌肉构造产生了杜尼式笑容。差别在于使用眼睛周围的眼轮匝肌（见上图），它是判断真正愉悦的惟一可靠的指标。下页右侧的三张脸上的嘴形是否会改变你判断其所表达的真实情感的方式呢？

（下页继续）

中性脸

杜尼式笑脸

1

愤怒脸

2

傲慢脸

3

你可能会认为这个结果是因为受试者为了产生杜尼式笑容而强迫自己高兴，就像演员有时为了哭而想象悲伤的事情一样。研究人员却十分谨慎地避免这种情况的发生。他们教授应试者面部肌肉运动模式时，谨慎地避免提到相关的情感，比如“喜悦”“高兴”，甚至不跟他们提“笑”字。

这一点非常重要，其中至少有三个原因。第一，它表明，只要你做出那种正确的笑容，你就能够很容易通过笑使自己感到高兴。第二，通过注意眼睛周围的肌肉，你就能区别真笑与假笑，而且在有些情况下还可以分辨出诚实的人和说谎的人。第三，大脑一定模式的活动(如快乐情绪的大脑“地图”)确实与一定的面部运动模式有生物学上的联系。有些人认为笑容和情感之间的联系是任意的，不可预测的。他们实际上混淆了两种根本不同的面部表情。

DHEA，一种新测定的荷尔蒙补品，能使人“返老还童”

迄今为止，一种神秘的荷尔蒙正处在一场为了经济、医药和知识利益而激烈竞争的中心，据医疗界检验宣称，这种荷尔蒙能够治疗癌症、抑郁症等各种疾病，甚至能够逆转衰老这一生理过程。这种被作为补品的特效药正在保健食品店和互联网上大肆促销。这种荷尔蒙的化学名称是脱氢表雄酮，通常被称为DHEA。

什么是DHEA?

DHEA是灵长类动物——人类、猿和猴子——以及其他一些物种的肾上腺所产生的一种荷尔蒙。人类和猿的荷尔蒙水平在青春期迅速上升，成年时达到顶峰；此后DHEA的水平不断降低，到了老年期，DHEA在血液中只有微不足道的一点点了。

DHEA的水平为什么会降低？没有人知道确切的答案。我们只知道DHEA可以被身体的各种组织新陈代谢为与性征有关的类固醇。但这很可能仅仅是一小部分原因。

改善心情、精力和记忆力

在最近的一项试验性研究中，患有抑郁症的中老年男性和女性服用了四周的DHEA补品。根据标准测量仪器的测量，所有患者的心情都有很大的改善，而且在语言记忆方面也有改善。但治疗停止以后，抑郁和记忆又回到了他们之前的水平。

在最近另一项双盲实验研究中，实验对象的年龄在40岁到70岁之间，其中有一半的受试者吃的是包含DHEA的药物，而另一半吃的是安慰剂。超过75%吃DHEA药物的受试

者(同时，只有不到10%吃安慰剂的受试者)报告说他们有一种恢复青春的感觉，其中包括睡眠质量提高了、精力更充沛了、感觉更加放松以及处理压力能力的提高。有很大比例的DHEA实验组的受试者还报告说他们的关节疼痛、身体僵直和疼痛有了“明显改善”。但性欲却没有发生变化，这很让人奇怪。

其他研究还揭示了早老性痴呆症与低水平的DHEA有一定关联。这可能是因为这种荷尔蒙能够阻止糖皮质激素对脑细胞的破坏。

预防心脏病和癌症

很多研究都表明，冠状动脉疾病与低水平的DHEA有关。服用DHEA补品可以抑制血小板的凝聚，从而降低心脏病和中风的发病几率。DHEA还可以提高免疫力：低水平的DHEA与某些癌症有关，而DHEA补品可以产生“自然杀伤细胞”，抗击癌症。

年老是否就必然体衰?

这个问题有趣又有内涵。我们常常把很多情况都归因为衰老的必然结果，如心情沮丧、体力下降、记忆力丧失以及患心脏病和癌症的危险性升高等。这些情况可能都源于身体内自然产生的某种化学物质水平的降低，而这种降低是可以修正的。为什么DHEA水平在年轻时很高而在年老时却很低呢？这可能与自然选择有关。自然选择使有机体在生产效率最高的年轻时期用尽所有的体力和利比多[1]，而不是为了长寿去保存体力。

---

① 利比多，泛指身体官能快感。

通过服用荷尔蒙补品而推翻这种长期进化的模式有错吗？服用DHEA药物能够代替传统的体育运动和自我挑战的智力活动吗？也许可以代替。从另一方面，请考虑以下问题：

大多数成年人体内乳糖酶（消化乳产品所必需的一种酶）的生成会降低或停止，那这是否就意味着当我们吃奶酪或喝牛奶的时候服用乳糖酶药物就是“错误的”或“不合自然规律的”？或者，更有趣的是：如果有些人不能够产生胰岛素，那是否就意味着糖尿病患者只能等死呢？

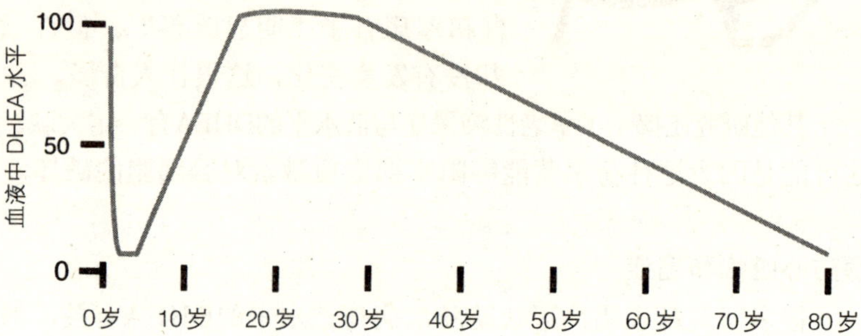

DHEA的水平在出生后迅速下降，大约在7、8岁时开始上升，20岁时达到颠峰，然后逐渐下降。

练习：身份之谜

第一部分

有人实施了一起令人恐怖的连环凶杀案。罪犯后来被指认出来并被警方逮捕，但有两个棘手的问题：第一，凶犯虽然被目击者辨认了出来，但这个嫌疑犯碰巧有一个双胞胎兄弟。两个人都被关进了监狱，但是没有人知道谁是真正的凶犯。根据当地的法律，除非有确凿证据证明他们中的一个实施了这一系列凶杀案，否则两个人都必须被无罪释放。而且法律还规定，起诉人只能向每个嫌疑犯提出一个用“是”或“不是”就能回答的问题，并由此确认对方是有罪还是无罪。第二，其中一个兄弟一直患有说谎症，另一个兄弟只讲实话，但不知道凶犯到底是说谎者还是讲实话的人。

起诉人木尔提诺维奇认为他已经想出了一个问题。他依次问了这对双胞胎兄弟下面这个问题：

“这起凶杀案是你的兄弟干的吗？”

他用这个问题能够找到真正的凶手吗?

第二部分

对于木尔提诺维奇的询问，第一个兄弟的回答是“是”，第二个兄弟的回答是“不是”。

起诉人从这些回答能够得出什么样的结论呢?

第三部分

由于木尔提诺维奇的无能，他的助手普拉瓦奇取代他做了起诉人。根据法律，新的起诉人可以问嫌疑犯第二个“是”或“不是”的问题，但是新的起诉人不能采用前任起诉人所得到的任何信息。也就是说，普拉瓦奇必须从零开始。

如果你是普拉瓦奇，你打算问这双胞胎兄弟什么问题? 记住，只能询问每个嫌疑犯一个问题，但问题可以不一样。

提示：不要忘记，一个兄弟始终说谎，尽管这对他不利。在第二部分中，如果目击证人弄错了或者说两个兄弟都是凶手，那将意味着什么？到达第三部分的时候，问一个你和两兄弟都知道正确答案的问题。

生活逻辑谜题

所谓的逻辑谜题不外乎那么几种形式。谜题的情景和人物会有所改变，但基本形式是相同的。一旦知道了一种谜题的解决办法，那么在现实生活中遇到类似的困难就能迎刃而解了。

下面的逻辑谜题类型如同人的大脑皮层一样古老。“家庭的烦恼”实际上是对农夫、狐狸、鹅、谷物这个古老谜题的改编。我们在此也收录了这个问题的原始版本。“安德斯谜题”在细节和结构上有所改变，但是所涉及的基本思维方式是一样的。

希望你不会遇到这种特定的情景。解决办法(不止一种)需要对标准解决程序稍作逆向变动。这就是为什么这些谜题非常适合转化到真实的生活情景中去。

像许多逻辑谜题一样，这些谜题也需要超前计划。如果你能够清晰地想象出不同的情景，那么这些谜题的答案就很容易找到了。然后，再把那些小情景在大脑里记忆足够长的时间，待评价了它们的价值之后再作出保留或去除的决定。

练习：家庭的烦恼

安东尼奥邀请母亲和岳母到他家里会面，然后他和妻子带她们到附近的一家饭店去吃饭。由于安东尼奥有一辆车，所以他必须开车把她们都送到饭店。但这样做有一些麻烦。他的车是菲亚特两座敞篷车，因此他每次只能带一个人去。另外，他的岳母与他的母亲关系不好，而且他的妻子和他的母亲关系也很紧张。因此，无论是在家里还是在饭店，他都不能让他的母亲单独和他的妻子或他的岳母在一起。那么，每次送一个人，并且不让彼此不喜欢对方的人单独相处，他如何能够把她们都送到饭店呢（他也不能把任何人留在其他第三个地方）？

练习：狐狸、鹅、谷物

“家庭的烦恼”是对农夫、狐狸、鹅、谷物这个古老谜题的改编。这个古老的谜题是这样的：

一个农夫想把一只狐狸、一只鹅和一袋谷物摆渡过河。但是，他的船太小，一次只能装载一个。如果他把狐狸和鹅单独留在岸上，狐狸就会把鹅吃掉。如果他把鹅和谷物留在岸上，鹅就会把谷物吃掉。

他怎么才能把这三者都带到河对岸去？

提示：有两个可能的答案，但都需要：由于安东尼奥与三位妇女都能相处，但她们中的其中一位不能与任何其他两位相处，那么安东尼奥需要做的就是花费大部分时间与这一位妇女在一起，不要让她单独与其他两位中的任何一位在一起。

练习：安德斯的困境

安德斯、安德特、安德森要前往位于阿拉斯加的一个边防站。从双纳克出发到那里需要徒步行走6天，中途要穿越荒芜人烟的雪地和冰川。一个人携带的食物和水只够维持4天。因此你可以看出，一个人是不可能单独完成这个行程的，因为他的补给品不足以维持他到达目的地。那么安德斯需要多少名助手为他携带给养才能够保证他到达边防站，并且这些助手也能够安全返回双纳克？

提示： 无论有多少人从双纳克出发，最终只有安德斯到达边防站。但是要记住：助手也需要吃喝，因此要确保其他人有返回家所需要的足够的食物和水。

练习：点菜

五个老朋友在一家他们中意的饭店聚会。每个人都点了一些饮品、一道主菜和一道甜点。乔丹和杰克逊点了马提尼，詹宁斯和琼斯点了苏格兰威士忌。詹金斯由于要开车所以点了可乐。乔丹和詹宁斯点了牛排。杰克逊和詹金斯点了烤牛肉。至于甜点，杰克逊和乔丹点了巧克力蛋糕，琼斯和詹金斯点了馅饼,其他人点了冰激凌。坐在一起相邻的两个人点的菜都不同。那么谁点了烤野鸡？詹金斯都点了什么？

提示：下面是每个人的名字和他们坐的位置：

1. 杰克逊；2. 琼斯；3. 乔丹；4. 詹金斯；5. 詹宁斯。

不服药如何使自己兴奋

演员都知道，表达任何情感的面部表情和肢体语言都可以被伪装。但是，情感反应本身通常不被体验它的人控制。虽然情感激发的许多外在表现可以被大脑皮层有意识地进行修改，但情感的激发通常还是下意识进行的。

有证据表明，人们可以通过改变面部表情、身体姿势和运动方式来改变心情，从而表现出与他们目前感受所不同的一种情感。例如，一个人如果感到伤心，他可以设法从表情和行为上装作很高兴的样子，结果会真的感觉高兴了许多。在这个例子中，产生高兴表情的肌肉和神经运动触发了其他神经系统的变化，从而使一个人确实感觉高兴了。

面部表情中暗示情感激发的部分是很难被伪装的，但很容易被他人注意到。20世纪60年代，在埃克哈德·赫斯的带领下，芝加哥大学展开了一项关于情感反应机制的研究。研究结果表明，当一个人的兴趣被激发时，他眼睛中心部位的黑色瞳孔就会变大。情感被激发时身体所表现出来的其他征兆还包括被测谎仪记录下来的心率加快、出汗增多、体表温度升高等。和这些身体反应一样，瞳孔变大也不是个人的意志所能控制的。

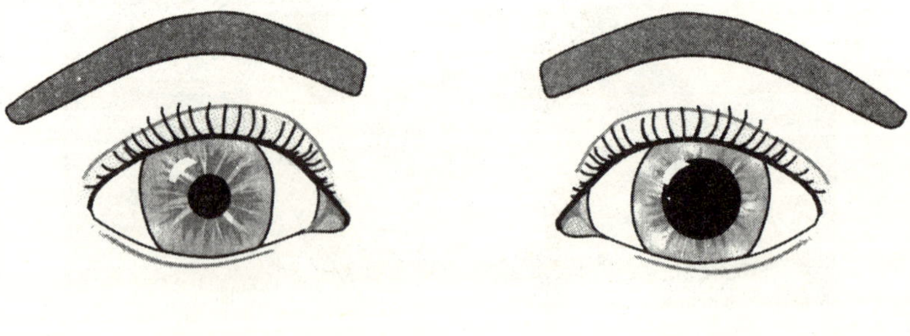

自我测试：感兴趣吗？

大多数认为，当一个人的兴趣被激发起来时面孔看上去更有吸引力。你不妨观察下面的两张面孔来亲自验证这个理论。请挑选出对你更具吸引力的那张面孔，是上面的还是下面的？

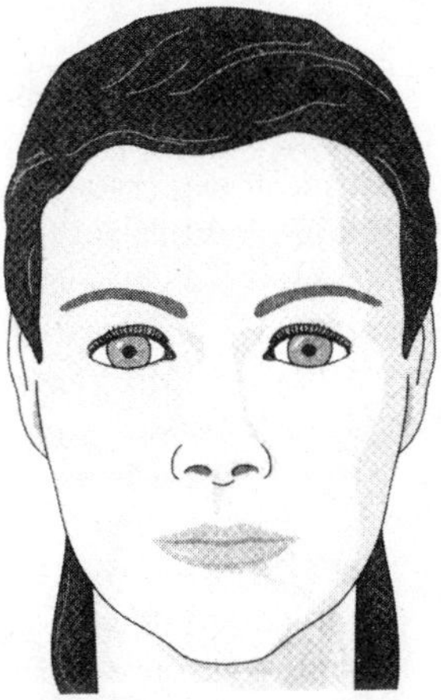

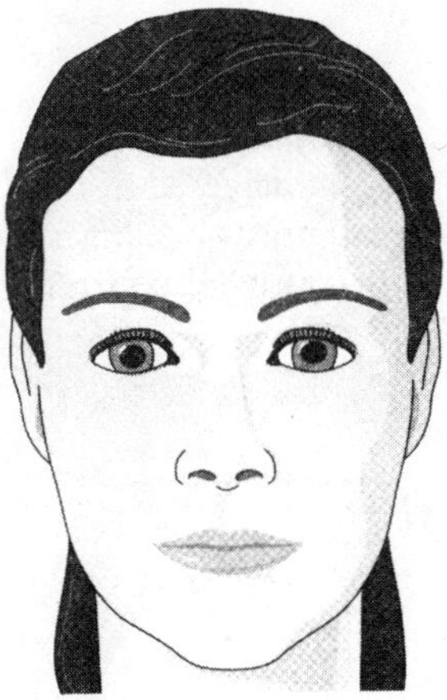

提示：当一个人的情感兴趣被激起的时候瞳孔变大。

一天夜里一个中年人在睡梦中抱住并摔倒了他的五斗柜

最近有一项研究，要求受试者用某种模式真实地操纵控制杆或者只是想象着用同样的模式操纵控制杆。脑部扫描结果显示，大约有80%的人真实操纵控制杆时使用的大脑回路在纯粹想象的操纵时也在被使用。这说明，大脑想象一个身体动作——挥动高尔夫球杆或弹钢琴——所激发的大脑回路是那些真实动作所使用的回路的大部分。因此，大脑想象身体动作也能够增进脑细胞的联系从而达到专家级的成绩。

快速眼动睡眠对于强化习得行为的作用

在快速眼动睡眠阶段（指正常睡眠中眼球在眼皮底下快速运动的一个阶段），我们是用大脑在表演动作，而不是用身体来表演动作。通常情况下，脊髓神经细胞在这个阶段已经停止向肌肉发送信息。这就使得我们的身体不可能对脑干发送到肌肉的信号作出反应（据报道，一个患有神经错乱疾病的中年人在睡梦中——或许是在快速眼动睡眠阶段——重新上演了一场大学橄榄球比赛，结果他抱

住并摔倒了自己的五斗柜，伤着了自己)。

做梦可以演练新的体验从而有助于在需要它们的时候被记起

如果在积极学习新东西的时候，整个睡眠周期内的快速眼动睡眠阶段所占比例增加，那么学习和做梦可能就有一定的联系了。我们可能都有过一整天都在进行某项重复性的体力活动的经历，例如打字、收银、刷房子等事情。结果晚上睡着后会梦到做同样的活动。无论你愿意与否，这些梦能够增进你脑细胞间的联系，从而使你在将来能够更流畅、更轻松地完成这些活动。

为什么梦都很"怪诞"？

许多研究人员指出，梦之怪诞的本质，关键在于原脑干里两种不同的神经细胞所释放出的两种不同的化学物质。

其中一种神经细胞所释放的"肾上腺素"化学物质可以使头脑保持警觉、注意力集中，不胡思乱想。我们清醒的时候这些神经细胞比较活跃，但我们睡眠的时候这些神经细胞就停止活动了。

另一种神经细胞释放一种"类胆碱能"的化学物质。这些化学物质刺激身体的运动中心、情感中心和信息处理中心。虽然白天时类胆碱能神经细胞就已经很活跃了，但晚上我们入睡后这些细胞会高速运转，把脑干部的冲动发送到大脑更高级的区域。

当动作中心受到刺激时，我们将想象各种运动。要不是因为大脑同时向脊髓发出了信号，使我们全身除眼睛之外所有的肌肉都停止活动，那么我们的身体将真正地运动起来。这就是为什么我们通常情况下在做梦时不会乱蹦乱跳、到处乱跑，为什么在睡眠的做梦阶段伴随快速的眼部运动(因此,“快速眼动睡眠”这个术语所描述的是我们可能做梦的睡眠阶段)。

类胆碱能对大脑情感区域的刺激说明了为什么我们常常会做焦虑类型的梦和噩梦,以及常见的性梦、愤怒的梦和情绪高涨的快乐之梦。

为什么梦常常能够引起重大的顿悟

最令人感兴趣的是大脑信息处理中心受到的刺激。这个部位受到刺激说明了为什么梦有着独特的逻辑和连贯性。其中部分原因是我们大脑中对肾上腺素这种化学物质敏感的区域受到了抑制,从而使得梦的内容与我们注意力集中时的推理过程看上去完全相反。当脑干释放出类胆碱能时,我们大脑中受到刺激的信息处理中心就设法理解梦中产生的形象,摆脱了平时集中注意力时的思维局限。

这也说明了为什么我们的一些最具有创意的顿悟会在梦境中产生,同时也说明了为什么科学家和艺术家们能经常在梦境中获得难题的答案。这并不是因为我们在做梦时更聪明,而是因为我们做梦时的智力和平时不同:更具关联性、综合性和曲折性。

梦与精神病

这就说明了梦为什么对我们来说如此具有魔力。梦可以让我们洞察到成为另外一种不同的人或不同的动物会是什么样子。梦可以让我们从另外一个生灵的角度看待这个世界,这个生灵很聪明但却异常地缺乏自我意识。梦还可以向我们展示一个精神病患者眼中这个世界的样子。事实上,一些精神分裂症患者的类胆碱能神经元过多,而这可以解释精神疾病患者的幻觉特征。

练习：费因曼控制梦的真实训练

下面的故事叙述了一个人成功地控制梦的内容以及随心所欲地观看梦中颜色、感受梦中的感觉。这个练习的目的是激发你去亲自尝试一下。

物理学家理查德·费因曼当年在麻省理工学院读本科的时候，在清醒的状态下真实地体验到了一种焦虑情景，而这种情景是无数大学生在梦中经常碰到的。为期一年的哲学课结束了，可费因曼却没有弄懂教授所讲的一丁点内容。然而，教授要求他根据一年以来所讲授的内容写一篇论文。费因曼不知如何是好，但他突然想起教授曾经提到“意识流”这个词。于是他决定写一篇关于梦的文章。

费因曼像所有优秀的科学家一样着手他的研究工作：不仅通过内省，而且通过观察。首先，他观察自己在入睡过程中的表现。他发现在自已将要进入睡眠时，内心的想法和视觉形象变得非常混乱。他以前从来没有注意到过这种现象，因为他以前根本就没有留心过这些事情。当然，做这种观察会唤醒他，因此他决定继续做其他观察。

然后，经过大量的训练，他学会了如何在做梦的时候观察自己。他发现大脑的“视觉部门”能够在梦中产生如同受到真实的外部刺激时所产生的那种流畅而详细的视觉形象。他还发现他的梦有色彩（你发现过吗？你是怎么知道的？）。他发现，只要他想要，那么他就能够在梦里清晰地看见躺在他旁边的女人头上的每一根头发，他甚至能够再现彩虹的效果（你能够梦得那么逼真吗？你是怎么知道的？）。尽管没有任何感觉输入，但他把梦中的手指放在梦中的图钉上，大脑的“感觉部门”也能够重新创造出清晰的触觉。不仅如此，他还发现他能够随意地关闭一个“部门”，而让另一个“部门”处于开启状态，比如让图钉消失，但把手指放在图钉所在的位置，他仍然能够产生感觉。

他高兴地发现他能够随心所欲地操纵自己的梦的内容。

你的自我意识程度如何？

当被要求评价自己的社交能力时，很多人对自己在社交场合行为表现的评估报告往往不同于他人对他的评价。但当坐在镜子面前时，人们的自我评估常常会更准确一些。在社交场合，如果能够让人们看到他们在镜子里的形象，就会增强他们为社交时所发生之事负责的意识。当人们被激怒时，如果让他们看到自己在镜子里面的形象，他们则会表现得更过分。

被拒绝是否就一定意味着失败？

有些人好像总生活在镜子面前。如果在一次舞会上遭到他人的拒绝，他们很可能就会认为自己应该为这种拒绝负责。如果他们做的工作报告没有被听众接受，他们就会认为这是自己的失败，而不会认为是听众的接受能力差。如果他们被激怒，他们的反应会比那些花费较少时间思考自己内心感受的人强烈得多。这些有着高度自我意识的人，一生中的大部分时间都好像在看着自己在镜子里的形象。

许多理论家认为，所谓的自我意识至少可以分为两个方面：个人自我意识和公共自我意识。我们可以粗略地称个人自我意识为自我认识或内省：注重自己的内心状态、心情和动机。公共自我意识主要与他人的看法和评价有关。个人自我意识可能是公共自我意识的前提，但是你可以有自己的个人自我意识而不必在意他人对你的反应。另外，公共自我意识可能会也可能不会导致社交焦虑：经常担心他人在社交场合对自己的看法和反应。

自我测试：自我意识评估

回答下列问题，评定你的公共自我意识、个人自我意识和社交焦虑的程度。回答完这些问题后，根据后面的“评分标准”合计自己的总分，从而评估自己的自我意识。

1. 在一次聚会上，别人介绍你认识了一位年轻的女士。她说她在医院工作。你于是问她是不是护士。她听后脸变红了，回答说她是个医生。你会：

   (a) 为自己的错误感到非常尴尬（2分）

   (b) 为自己的错误感到好笑，并对这位年轻的女士作出不可靠的评价（0分）

2. 对于你现在做的工作，你是否花费了很多时间考虑选择它的理由；你是否花费很多时间考虑为什么给大街上的一些人施舍钱财而不给其他人；一般情况下，你是否花费很多时间考虑自己做事情的动机是什么?

   (a) 是的，很多（2分）

   (b) 很少（0分）

3. 当你在超市里买东西时，即使从前从来没有见过那个收银员，你也喜欢和他或她攀谈两句吗?

   (a) 很少（2分）

   (b) 经常（0分）

4. 你是否花费很多时间设法了解自己?

   (a) 是的，很多（2分）

   (b) 不，那是浪费时间（0分）

5. 当你在商业街上行走时，你会看沿途店铺玻璃橱窗中映出的自己的影像吗?

   (a) 是的，经常（2分）

   (b) 不（0分）

（下页继续）

6. 你是否经常考虑自己在他人面前的表现?
(a) 是的（2分）
(b) 不，那对我不是很重要（0分）

7. 你是否会花很多时间去考虑使自己不高兴或不成功的性格或行为方面的原因?
(a) 是的（2分）
(b) 不（0分）

8. 你是否经常渴望面对很多人演讲?
(a) 是的（2分）
(b) 不，那是不成熟的表现（0分）

9. 当你要出门时，你是否在离开前照一下镜子?
(a) 是的，经常（2分）
(b) 一般不（0分）

10. 你是否经常担心自己能否给他人留下好印象?
(a) 是的（2分）
(b) 不（0分）

11. 在新的环境里，你是否在刚开始时经常感到害羞或拘束?
(a) 是的，我需要一段时间才能克服（2分）
(b) 不，那有什么意思? （0分）

12. 你经常注意自己的心情变化吗?
(a) 是的（2分）
(b) 没有（0分）

（下页继续）

评分标准：

将问题2、4、7、12的得分相加，你将得到自己的个人自我意识得分。

高：6~8分
一般：4分
低：0~2分

将问题5、6、9、10的得分相加，你将得到自己的公共自我意识得分。

高：6~8分
一般：4分
低：0~2分

将问题1、3、8、11的得分相加，你将得到自己的社交焦虑得分。

高：6~8分
一般：4分
低：0~2分

如果你不道德而又懒惰，这可不能怪你的父母

如果我们认为我们大脑的某个部分完全是经过“后天培养”而非“天生”，那么无论这个部分是什么，它都可能包含了道德和社会良知。其次可能要属管理能力了，如自我监控、计划，通过对自己和他人的操控从而达到预期的目标。这些行为都是经过后天学习形成而非与生俱来。然而，这些被夸大的人类能力是通过与环境交互作用发展而来的，特别是与婴儿的养育方式以及天生脾性有关。下面这个模式可以解释该现象的发生原理。

个体的气质差异在年龄很小的时候就开始表现出来了。连新生儿也会表现出不同程度的忧伤、失望和恐惧，因为这些情感在婴儿头几个月的发育中就已经出现(事实上，五种关于害羞的生理指标中就有一种在婴儿出生前已经很明显：害羞的婴儿在子宫里的心率比正常水平高)。在大约六个月大的时候，婴儿学着用一种积极的方式接触他们周围的环境并与之互动——他们学习与方法、步骤相关的行为。不久之后，婴儿学会抑制他们与方法、步骤相关的行为，并通过有意识的努力控制他们与周围事物和人的互动。这种学习过程一直贯穿儿童期的大部分时间，并且有可能持续更长时间。

脑电图显示，婴儿大脑额叶的“激发”和“抑制”区域被激活的基线水平与婴儿的气质类型如“内向”“害羞”“焦虑”等相对应。虽然所有的婴儿都在大约同样的年龄(七个月大的时候)进入“行为抑制”期，但有些婴儿比其他婴儿更倾向于谨慎地观察他们周围的环境。

气质有“好”和“坏”之别吗?

从一个方面讲，用绝对的眼光看待气质是错误的。固定的气质类型可以使一个人的适应能力强，也可以使一个人的适应能力差，这主要取决于气质类型与他人的要求或期待的匹配程度——有时被称为“适合度”。不同的社会重视的气质类型会有所不同，不同的职业或亚文化对气质类型的奖惩会与主流文化的价值标准有所不符。

从发展的层次上看，这就意味着婴儿天生的气质倾向将会因为文化或母亲气质类型的不同而产生不同的反应。具有忧伤倾向的婴儿会因为母亲是德国人或日本人而有不同的人格发展，因为德国母亲更希望孩子独自处理情感方面的问题。

然而，在思想解放的相对性方面，我们只能到此为止了。无论处于何种文化之中，所有人都会对婴儿的尖叫声产生消极的生理压力反应。这种反应在一定程度上是很有用的，因为它能引发人去呵护、安慰孩子，增加与孩子的联系。但是过多的尖叫声会使母亲不管甚至不喜欢她的孩子。无论处于何种文化之中，具有悲伤倾向的孩子，如果他们的母亲不理睬或是不喜欢他们，那么他们的社会适应性就很可能低于那些能够得到母亲抚慰的孩子。孩子未来的行为将受到他们天生气质所引起的反应的影响，某些气质类型有可能给他们带来一定的风险。

一定程度的焦虑是好事情……

几乎在所有文化中，如果儿童不能够学会控制自己的冲动，那么他们在以后的生活里将会遇到严重的问题。虽然罪恶、羞耻和焦虑看上去好像是孩子不健康的心理特征，但是这些特征实际上有助于儿童学习自我调整。

如果一个小孩的右额叶有一个非常活跃的“焦虑”中心，那么她可能会更快地学会这种自我调整的方法。当然，她还有可能在长大后出现社交恐惧症。也难怪，恐惧症和强迫症患者会对他人的需要和感受非常关注而且敏感。

另一方面，如果一个小孩右额叶有一个非常不活跃的“焦虑”中心，而且他对焦虑、罪恶和羞耻的感受较弱，那么这个孩子就很难控制冲动，也很难形成社会良知和道德行为标准(选择男孩子作为“焦虑”不活跃的例子，而选择女孩子作为“焦虑”过于不活跃的例子，并非随意选择；男孩子和女孩子在这些方面似乎有着不同的脾性)。

再次声明，气质类型并不决定道德品质；气质只是使道德具有某种倾向和危险。尽管一个小孩天生就具有焦虑和羞怯的气质，但是如果在他的生活环境中缺乏适当的榜样，比如没有人帮助他理解自己的行为后果，以及做或不做一些事情的原因，那么他就很难形成强烈的社会良知。相反，如果养育者能够耐心对待和理解孩子，而不是对其简单地实施惩罚、威胁或不理睬，那么即使是一个焦虑和罪恶阈值都很高的孩子也能够形成良好的道德行为标准。

……但是过多的焦虑也不好

明白了焦虑或抑制与道德和自我调节、注意力、计划等管理能力发展的关系，我们可能会认为焦虑的婴儿将来可能会更加成功，并且自控能力强的小孩长大后将会有更好的学业表现。但是，如果孩子过于焦虑，可能出现回避反应的行为类型，并且可能会过于关注幻想出来的威胁，从而使得他们很难集中注意力去处理复杂的新信息。

练习：额叶逻辑

大脑额叶的一个能力就是首先记住一个选择，与此同时寻找这个选择的逻辑顺序。记住选择项是预测行动后果、计划和控制未来事件至关重要的前提。

第一部分

硅谷一家公司的总裁面临着一个很普遍的当代问题：裁员。

他对助手解释说，“我们必须裁减一半的员工，但是我怎么能够保证被裁掉的人不埋怨我呢？你知道，这样的事情太多了。”

“没问题。”他的助手对逻辑和心理学略知一二，回答说：“你不用亲自裁减任何人。让他们自己解雇自己。那样他们就不会责怪你了。这件事就交给我来处理吧。”

助手把员工逐个叫到办公室里。她对每个员工解释说，她的办公桌上有两个信封，其中一个里面装的是一份解雇通知书，另一个里面装的是一份续约书。

她对员工眨眨眼睛说：“你要做的就是选出正确的一个。”

“我怎么知道哪个是正确的？”员工问。

“很简单。读一读信封上的提示就行了。”

这两个信封上写着下面的提示：

信封A

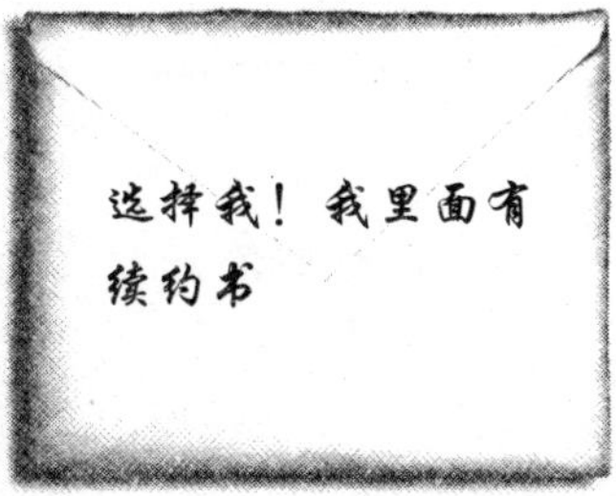

信封B

（下页继续）

“这些提示是真的吗？”员工问。

“只有一个是真的。”助手回答。

“哪一个？”

“如果我告诉了你，”助手用警告的语气说，“那么我就剥夺了你证明自己对公司有价值的机会了。如果你不能够独立找出续约书，那么你也不值得被续约。”

如果你是这家公司的员工，你会选择哪一个信封？为什么？（参见下页“提示”）

第二部分

第二天，总裁仍然不满意。

“你让10名员工尝试了你的谜题，结果他们全都选对了。我认为你的题目出得不够难。”

于是助手决定加大难度。现在，她对每个员工解释说，她有两个信封，两个可能装有解雇通知书，也可能装有续约书。她把其中一个信封拿在左手，另一个信封拿在右手。如果左手里的信封装有续约书，那么信封上的提示将是正确的；但是，如果它是解雇通知书，那么提示将是错误的。如果右手里的信封装有续约书，那么信封上的提示将是错误的；但是，如果里面装的是解雇通知书，那么提示将是正确的。

这两个信封上是下面的提示：

左手信封

右手信封

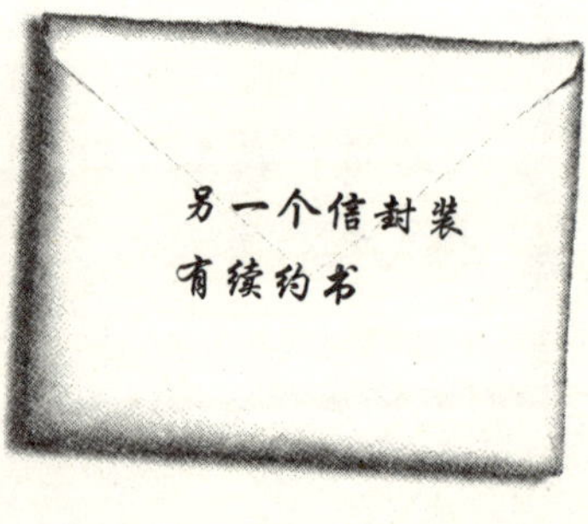

（下页继续）

如果你是这家公司的员工，你会选择哪一个信封？为什么？

第三部分

第三天，总裁甚至更不满了。

“这次20个员工尝试了你的测试，结果他们都通过了。这帮不了我解决裁员的问题。你必须再加大题目的难度。”

助手想了一会儿。

“员工都很聪明。我不知道是否能够设计出足够难的题目。即使有一两个出错，裁员也不可能达到一半。然而，有一个办法我还没有试过。”

“用尽一切办法，赶快试。如果在明天股东大会结束前还没有结果，”总裁用威胁的目光看着助手说，“那么我知道至少有一个人要被解雇!”

在第二天的股东大会上，助手起身向与会的大股东解释情况。她最后总结说：

“目前我们的薪金支付总额仍然是应该支出的两倍。问题是，所有的员工都太聪明，没有人选择解雇通知书。但是，各位股东都看得出，”她指着前一天晚上准备好的扇形图说，“总裁的工资收入占去了薪金支出总额的一半。”

总裁脸色变得苍白。

“如果，”她继续说，“我们能够找到一个合理的办法来改变这种局面，那么我们的薪金问题就会立即得到解决。我因此建议把这个最难的题目由给拿薪水最高的人总裁来选。”

与会的股东们低声议论后通过了她的提议。

助手转身对总裁说：

“先生，我这里有三个信封。”

“三个信封!”总裁大声喊道，“这不公平!其他人都是二选一!”

“不错，但是你告诉我要加大题目难度。而且，”助手狡黠地眨了一下眼睛，“你肯定比普通职员至少聪明一倍。要知道，你的收入是我们的50倍呢。”

（下页继续）

第一部分提示：最关键的信息是，只有一个信封上的提示正确。知道了这一点，就只有一个可能的答案了——这与你用另外的方法考虑出来的答案是不一样的。

总裁怒目圆睁，但一句话都说不出来。

“在这三个信封中，”助手继续说，“其中一个装有续约书。其他两个装有解雇通知书。和以前一样，每个信封上都写有提示。只有一个提示是真的。你选择哪个信封？”

这三个信封上有下面的提示：

信封A

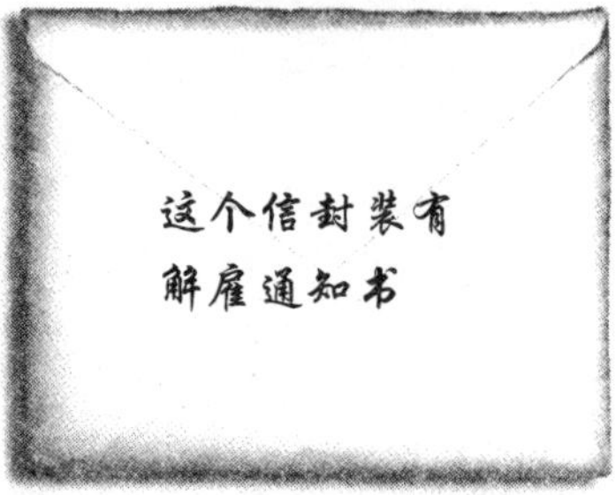

信封B

信封C

（下页继续）

你会选择哪一个信封？为什么？

第四部分

会议结束的时候，公司的薪金支出问题解决了，股东们高高兴兴地回家了。

最后一个问题：总裁选对信封了吗？

提示：股东们对助手的解决方案非常满意，结果提拔她接替空缺的总裁职位。

练习：如果–那么的思考方式

这里有五句话：

1. 五句话中只有一句是错误的。
2. 五句话中只有两句是错误的。
3. 五句话中只有三句是错误的。
4. 五句话中只有四句是错误的。
5. 五句话全部是错误的。

如果……那么

如果这五句话中有一句是正确的，那么会是哪一句？

从小看老：人格的遗传线索

助产士们常常声称，孩子一生下来，他们就能够预测其气质。有些人反对这种看法，他们倾向于认为人的性格是可以塑造和改善的；他们认为人格是由环境造就而不是由基因遗决定的。实际上，这两种说法都是正确的。新的证据表明人格的某些方面——传统上被称为“气质”的方面——确实是由基因决定的。另外一些方面——我们可能称之为“性格”的方面——则更多是抚养、环境和价值观念的产物。这两方面对我们完整人格的形成都起着重要的作用。

4种遗传“气质”和3维习得“性格”

华盛顿大学圣路易斯分校的罗伯特·克朗宁杰提出，气质有4个基本组成部分，而性格至少有3维。气质的4个组成部分是：寻求新奇、避免伤害、依赖奖赏和持之以恒。性格的三维是：自我主导、协作互助、自我超越(与自我中心相对)。4种气质从儿童期到成年期都趋向于保持稳定，并且不受文化因素的影响。而性格的三维会因为环境因素的影响而发生重大改变。总的来说，人们认为所谓的人格的大约50%是由基因决定的。

你有“寻求新奇”的气质吗？

气质的4个变量都与大脑的不同结构和化学物质有关。“寻求新奇”是由神经传递素多巴胺调节的。多巴胺与寻求快乐的行为有关。帕金森症是由于大脑基底神经节缺失多巴胺而造成的疾病，患有这种疾病的人会变得肢体僵直、缺乏欲望、对新事物不感兴趣，但是他们的气质却不会改变。寻求新奇行为的人要比一般人更容易酗酒、染上烟瘾及沉溺于毒品，

因为这些东西都会刺激多巴胺在大脑中传递。“避免伤害”与神经传递素5-羟色胺有关，而“奖赏依赖”是由去甲肾上腺素调节的。

最近的研究甚至还发现了促成寻求新奇行为和避免伤害的特定基因。寻求新奇基因能够为大脑中的一种多巴胺感受器编码指令，这种基因常常在那些喜欢冒险、寻求刺激的人身体中存在时间更长。他们很冲动，能够很快地接受新思想，同样也会很快地对这些新思想感到厌烦，并且对于整体性和单调非常不耐烦。避免伤害基因与去甲肾上腺素调节有关，它也有两种形式，其中一种较普遍的形式使得我们大部分人都有着长期的轻微程度的焦虑——典型的人类心理状态；另外一种不太常见的形式是异常兴奋和开朗气质的主要成因。

逐一考察这4种气质变量，它们的数值高低与不同的人格特征相对应(见下页的“自我测试”)。任何人都可能有或高、或低、或一般的数值。

各个参数的变化都是相互独立的，并且不同的组合会形成不同的行为倾向。有些人寻求新奇的数值高，但避免伤害的数值却很低，这就表明他很有可能出现自我伤害的行为，如酗酒。高寻求新奇和高避免伤害可能会造成矛盾的或神经质的行为，如食欲过盛(暴饮暴食和腹泻)。然而，在所有这些情况中，“性格”(那些特别容易受抚养和环境影响的人格方面)的作用是非常重要的。例如，奖赏依赖数值低的人——就是那种对别人的观点不屑一顾、不遵守常规的人——可能在协作互助和自我超越方面的数值很高，因此他们能够容忍、尊重和同情他人，并且能够有较高的道德行为准则。阿道夫・希特勒就是气质不错但性格恶劣的人。谁也不是天生恶人。

自我测试：气质确认

下面4种不同气质水平被认为是与生俱来的。很多人气质水平或高或低的倾向表现在不仅仅一种气质上。你的气质水平是否和其他人一样呢？下面的描述以及后面三页的图表说明了罗伯特·克朗宁杰所提出的4种由基因决定的气质之间的高低关系。

寻求新奇

高：寻求刺激、喜欢冒险、目无法纪、凭直觉行事、厌烦整体性、冲动、做作、感情不专

低：有组织有纪律、自我控制、善于分析、注重细节、直率、忠诚、清心寡欲

避免伤害

高：焦虑、悲观、压抑、忧郁、易疲劳

低：无拘无束、无忧无虑（即使是面临危险时也悠闲自得）、自信、乐观、精力充沛

依赖奖赏

高：依赖他人的情感支持和反馈、多愁善感、对社会角色和他人的需要很敏感

低：离群索居、喜欢独处、不墨守成规、愤世嫉俗、对社会麻木不仁

持之以恒

高：热切渴望、雄心壮志、坚定执着

低：胸无大志、对成就不感兴趣

（下页继续）

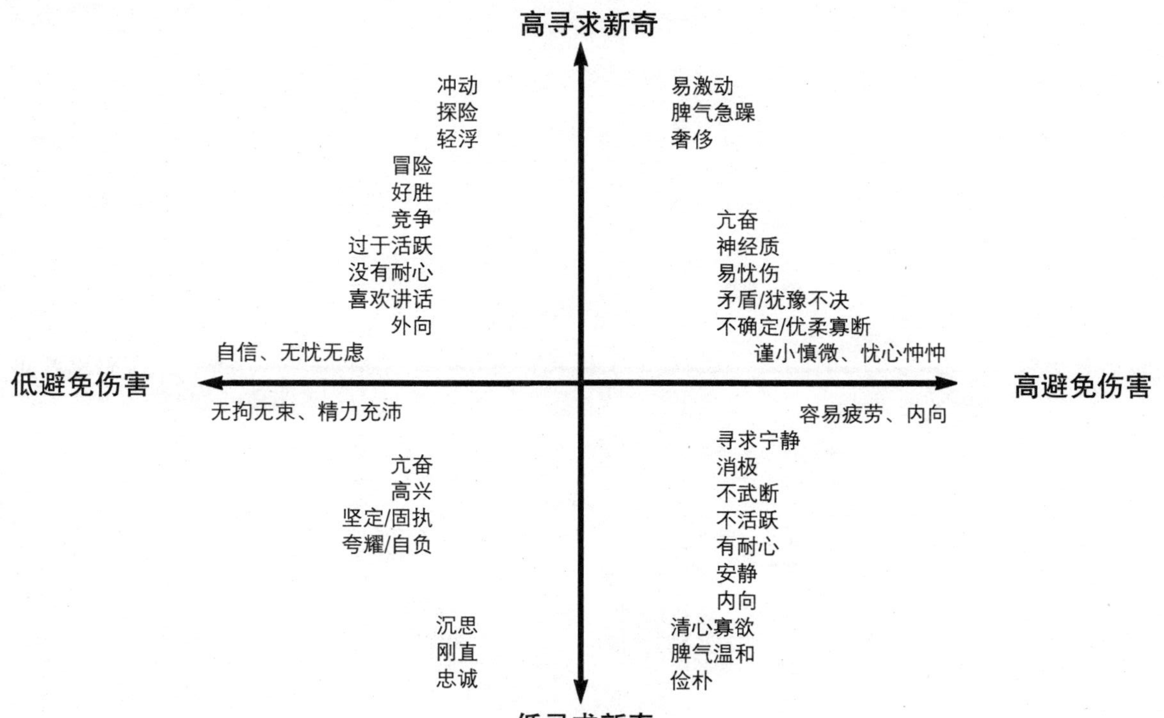
高寻求新奇
低寻求新奇
低避免伤害
高避免伤害
冲动
探险
轻浮
冒险
好胜
竞争
过于活跃
没有耐心
喜欢讲话
外向
自信、无忧无虑
无拘无束、精力充沛
亢奋
高兴
坚定/固执
夸耀/自负
沉思
刚直
忠诚
易激动
脾气急躁
奢侈
亢奋
神经质
易忧伤
矛盾/犹豫不决
不确定/优柔寡断
谨小慎微、忧心忡忡
容易疲劳、内向
寻求宁静
消极
不武断
不活跃
有耐心
安静
内向
清心寡欲
脾气温和
俭朴

（下页继续）

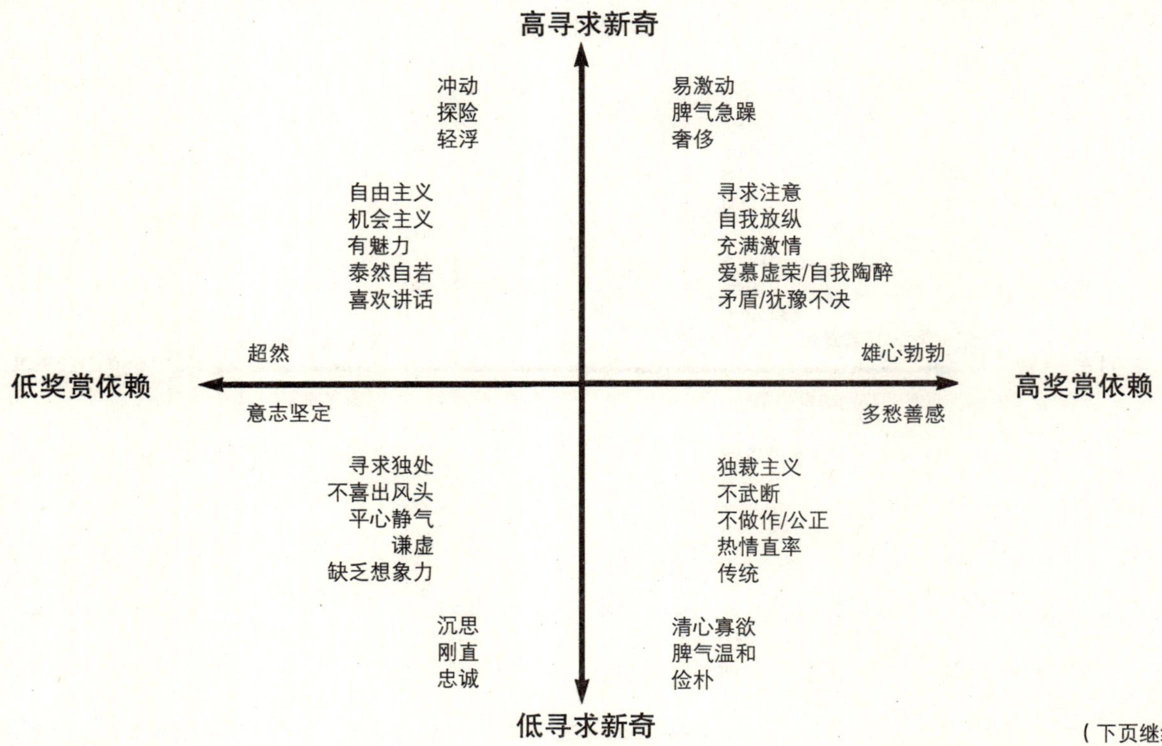
高寻求新奇
低寻求新奇
低奖赏依赖
高奖赏依赖
冲动
探险
轻浮
易激动
脾气急躁
奢侈
自由主义
机会主义
有魅力
泰然自若
喜欢讲话
寻求注意
自我放纵
充满激情
爱慕虚荣/自我陶醉
矛盾/犹豫不决
超然
意志坚定
雄心勃勃
多愁善感
寻求独处
不喜出风头
平心静气
谦虚
缺乏想象力
独裁主义
不武断
不做作/公正
热情直率
传统
沉思
刚直
忠诚
清心寡欲
脾气温和
俭朴

（下页继续）

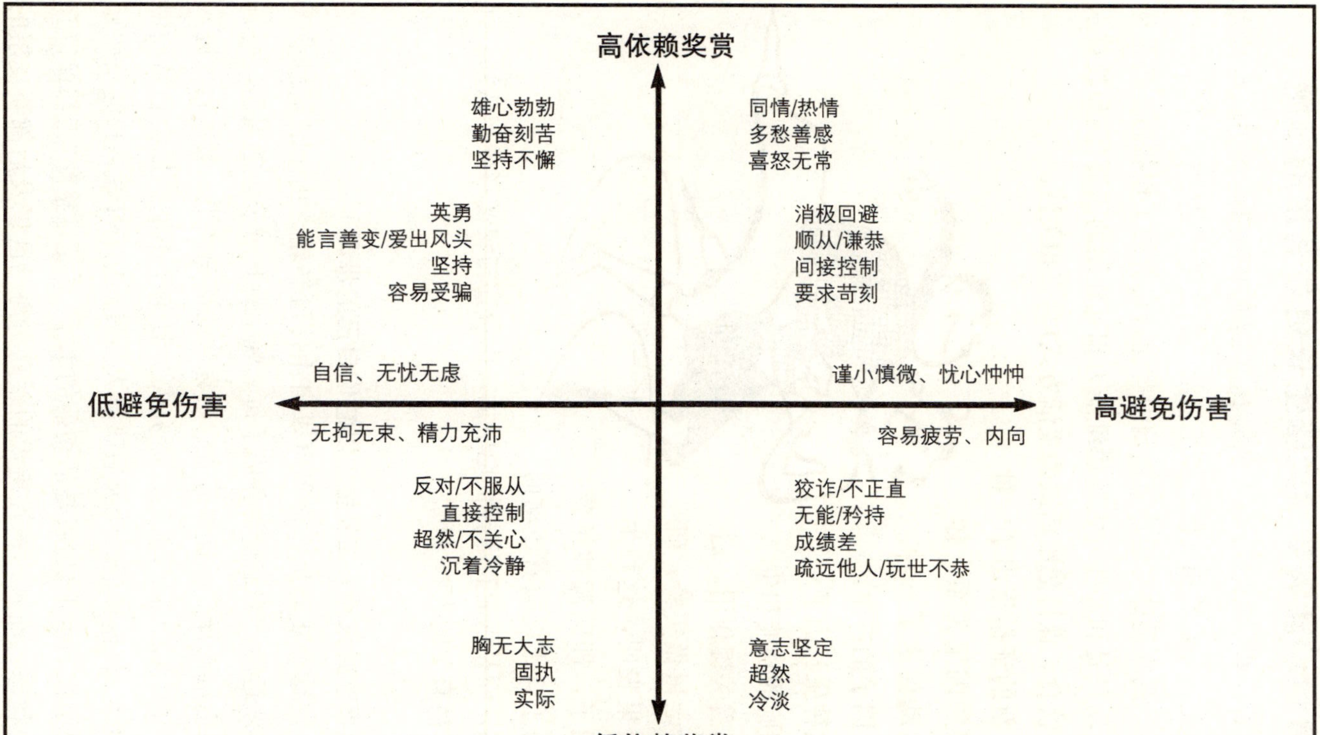
高依赖奖赏
雄心勃勃
勤奋刻苦
坚持不懈
同情/热情
多愁善感
喜怒无常
英勇
能言善变/爱出风头
坚持
容易受骗
消极回避
顺从/谦恭
间接控制
要求苛刻
自信、无忧无虑
谨小慎微、忧心忡忡
低避免伤害
高避免伤害
无拘无束、精力充沛
容易疲劳、内向
反对/不服从
直接控制
超然/不关心
沉着冷静
狡诈/不正直
无能/矜持
成绩差
疏远他人/玩世不恭
胸无大志
固执
实际
意志坚定
超然
冷淡
低依赖奖赏

（下页继续）

体育运动能够帮助大脑生长更多有用的细胞

有研究表明，老年人的身体活动水平和思维能力的保持之间存在着一定的相关性。但是目前人们还不清楚它们之间的因果关系。到底是体育运动促使脑细胞保持良好的工作状态，还是体育活动只是和那些与大脑思维能力相互作用的因素(例如教育水平、饮食、保持思维活跃的生活方式)具有相关性。

新的证据指出了一种直接的因果关系。体育运动促进了一种生长因子的产生，而这种生长因子对脑细胞的功能和生存起着关键作用。通过对老鼠做实验，研究结果表明，这种生长因子，即脑源神经营养因子，不仅随着运动而增加，而且可能有选择性地增加，出现在与记忆形成和认知、行动转换有关的大脑区域。

老鼠喜欢每天跑1~2公里（以它们自己的步调）

在这个实验里，老鼠可以自由接近转轮。由于老鼠似乎天生喜欢运动，它们自动养成了每天晚上跑1～2公里的习惯，而且每只老鼠选择并一直保持着它所喜欢的活动水平。老鼠自由进入转轮的0、2、4、7天后，研究人员测量了不同老鼠大脑结构中的BDNF核糖核酸。两天后研究人员发现BDNF核糖核酸值明显高出了控制水平(也就是活动前的水平)，而且整整7天都保持升高的状态。而且，每晚跑步的距离与海马区以及后部新皮层的

BDNF核糖核酸水平之间有着正相关性。

这项研究最令人振奋的发现是，运动对BDNF的影响恰恰发生在那些具有高度“可塑性”或易变的区域，这些区域与老年性机能衰退类疾病有着一定关系

运动能够增加海马区的BDNF水平，这些生长因子继而又被传送到前脑的类胆碱能神经细胞，而前脑是老年痴呆性疾病以及类似与年龄有关的机能衰退类疾病的发病区。本文所引述的内容都来自于一项研究，这项研究的作者通过对40岁以上的人进行实际考察后发现：“BDNF能够增进神经细胞的生长、加强神经细胞的功能和维持神经细胞的生存，因此运动所导致的BDNF水平的提高能够增强大脑抵抗损伤和机能衰退的能力。”

人到老年，身体的衰弱和智力的衰退并非不可避免

除了能够提高BDNF的水平之外，为增强体力而进行的体育运动还能够在任何年龄都防止肌肉组织的过早丧失，而且还能够增加肌肉的力量、大小和耐力。健美操能够使肌肉对抗阻力，从而促进肌肉生长并保持其正常的伸缩性。这种运动的益处还包括提高反应速度、降低肌肉萎缩速度、增强工作能力、防止背部问题及受伤。

很显然，积极的生活方式和生活态度是长寿者的共同特征

下面列举了一些长寿的人。其中一些主要是以其他成就而出名的。这些人比其他人长寿的事实说明，他们一直追求能够使他们满意的兴趣爱好，而且他们把毕生精力都花费在了这些兴趣爱好上。

“超速魔鬼”格兰奇，美国著名橄榄球球星、超级运动员，活到了87岁。

帕布罗·毕加索，西班牙画家和雕塑家，在自己的画室里一直工作到91岁。

摩西奶奶晚年自学绘画，并且一直画到101岁去世。

据说加布里埃尔·伊拉佐每天都在自己的花园里劳动，直到他130岁去世。

加布里埃尔·桑切斯干了120年的农活，135岁去世。

扎博·阿嘎比上面的人活得都长。他100岁的时候还在做搬运工。

练习：在最快的跑道上

奥运会100米赛跑是让观众心跳的一个项目。它在数秒时间内就完成了，但却需要年轻的运动员在全部运动生涯里不懈训练。在过去的100年里，百米赛跑所用的时间逐步下降了大约20%。

观察下列两栏数字。其中一栏是奥运会百米赛跑的年代，另一栏是冠军选手所用的时间。但是它们的顺序不对应。把年代与时间搭配起来之后，你会发现从1906年到1960年，总共花费了54年的时间，冠军的成绩才提高了1秒钟。1984年，奥运会百米成绩首次突破了10秒钟，假如从这年开始以同样的速度提高成绩，那么到哪一年我们将会看到百米赛跑的成绩突破9秒钟?

奥运会举办年	冠军所用时间
1. 1896	A. 10.30秒
2. 1906	B. 11.20秒
3. 1920	C. 9.99秒
4. 1932	D. 10.80秒
5. 1960	E. 10.20秒
6. 1984	F. 12.00秒

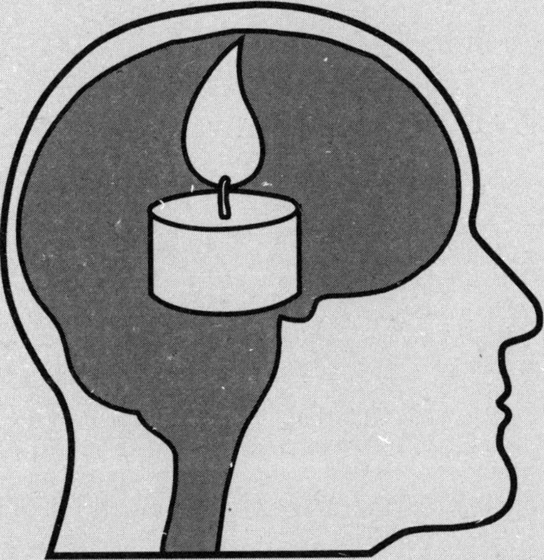

记 忆

记 忆

记忆是其他智力发展的伙伴。学习的关键是大脑能够将当前的体验编码储存，并在以后需要的时候提取出来。对于感官所输入的某些信息，大脑不需要你有意识的努力就能够将它们编码并永久保存。另外一些信息需要你有意识地不断重复才能够被大脑储存，这种重复有时也会在睡梦中发生。

大脑有时不需要任何有意识的努力就能够将某些体验迅速而永久地编码保存。大脑把这种体验理解为与生存密切相关，结果有意识思维就退居一旁，而触发情感的本能开始行使职能。另外一些不太重要的信息需要通过不断重复而被永久地编码保存。有证据表明，做梦也能够重复这样的信息。睡眠期间，大脑皮层不会忙于筛选通过感官而获取的信息，但它能够演练一些最近的经历，从而使这些经历成为永久的记忆。还记得乘法表吗？

因此，大脑所接触的体验越多，脑细胞从轴突和树突所发出的分支就越多，从而把更多的脑细胞联系起来帮助解决当前的问题。这种联系越多，大脑就越容易发现新旧体验之间的相似性。这样，大脑就不必创造新的编码来储存新的体验，而只需要储存不熟悉的体验。因此，你知道的越多，你就越容易学习更多的东西。

但是，首先你必须集中注意力。如果你不注意新的体验，那么它们就永远不会被记住。幸运的是，对于威胁生命的体验，大脑不需要有意识的努力就会自动注意。当认为危险在即时，大脑会忽略其他一切事情，而只关注危险。这可以说明为什么过分注重自我的人会“只见树木而不见森林”。

然而，如果你要使用短时记忆系统回忆一个人的名字，那么你就必须付出努力。例如在聚会结束后道别时要说出每一个人的名字时，你就得费点劲了。即使在你查阅一个电话号码后立即就拨电话的时候，你也必须把它储存在瞬时记忆中，尽管你不需要有意识地重复或与其他信息进行比较。

如果短时记忆需要对已保存的事实进行处理，那么这种短时记忆就被称作“工作记忆”。例如，你必须记住一件东西的价格和你付出的钱数，这样才能够计算出应该得到多少找零。随着我们变老，我们记住一个电话号码并立即拨出的能力(短时记忆力)会保持不变，但我们的工作记忆能力通常会变糟。储存在短时记忆里的事实通常会被遗忘，但它们有时能够被转化为“长时记忆”，被永久地储存在大脑里。

新的磁共振成像技术为大脑研究者提供了一个研究工作记忆的工具。它能够显示不同种类的工作记忆(例如空间、目标、语言、分析推理等)在大脑的哪个区域表现得活跃。大脑通过比较其他信息，从而从长时记忆中提取推理所需要的信息(例如，如果一个人告诉你他是哪一届的毕业生，并且问你是在他前面还是后面毕业，那么你就要从长时记忆中找出自己毕业的日期，并且在工作记忆中比较这两个日期)。这个活动发生在眉毛上方横贯大脑前面的带状区域。人脑的这个区域比猿脑的同一区域要发达得多。当执行/社交智能发挥作用的时候，这个区域同样也会被激活。

“记忆”是发生在大脑不同部位的许多过程

大脑某个部分的损伤可能会影响到对某些信息和事件的有意识回忆(陈述性记忆)，而不需要有意识回忆(非陈述性记忆)的记忆形式如技能和习惯的学习则不会受到影响。对于有图像记忆缺失症的人来说，他们甚至不可能记得仅仅数分钟之前看过的图片。但是，如果让他们再看一些图片，他们却能够把看过的图片从其他图片中挑选出来。虽然大脑的某个部位记录和储存了这些形象，但是大脑的另外一个部位无法把这个知识有意识地提取出来。最近的研究表明，负责提取记忆的大脑结构是海马区，它能够将广泛分布在大脑各个地方的信息收集到一起形成有意识的记忆。

大脑在记录事件的感官附近储存个人的经历

记忆本身——与提取记忆的结构相对——所停留的位置似乎与对相关刺激的感觉首次发生的区域相同，并且有一些余裕。神经病学家奥利弗·萨克斯讲述了一个视觉大脑皮层神经受损的画家的案例。这个画家不仅丧失了感知色彩的能力，而且对一切色彩都没有记忆力。

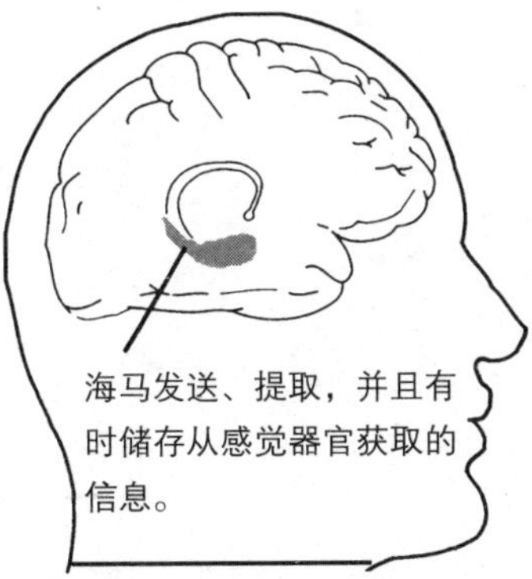

当感觉器官从外部世界获取感觉时，那些输入的信息所走的神经路线是首先到达接收信息的器官，然后再传到大脑的某个部位，负责解释来自眼睛、耳朵、鼻子、皮肤等输入的信息。信息通常从这里又传到短期储存的海马区——通常储存几周。如果这些信息比较重要——常常是因为它被有意识地重复，那么海马区就把这个记忆不同方面的编码发送到大脑皮层相关的专门部位。例如，识别一张面孔、使用工具、重构一段乐曲或想象一条熟悉的街道等的编码将会被储存在大脑皮层的不同部位。如果这些部位受损，那么提取这些记忆的能力将会丧失。

外显的陈述性记忆和内隐的非陈述性记忆之间的区别也可以通过我们都熟悉的一个经历来阐释。我们都有一种所谓的“幼儿期遗忘”——我们不能够记起发生在3岁前的事件。很显然，我们在婴儿期确实能够记忆事情——我们学习识别面孔和声音，我们学习完成某些任务；但是，我们不知怎么地，就是不记得学习过这些东西，而且我们也根本不能够记起发生在大约两岁前的事件。显然，在支持陈述性记忆的大脑系统发育之前经历过的事件是不能被有意识地提取的，即使这个系统发育完全，这样的事件也不能够被提取。

自我测试：非陈述性记忆

注意观察这5张扑克牌的图案。

在阅读完本页前不要看下一页。

（下页继续）

不要看上页正面朝上的5张扑克牌。

试图回忆一下。如果你把上面的5张正面朝下的扑克牌揭开，哪一张牌将和它们下面的那张扑克牌图案一样。相信你的直觉。当你第一次在上页看到那些正面朝上的扑克牌的时候，你很可能储存了一个“非陈述性”记忆（也就是说你知道它，但不能够说出它，因为你不知道你知道它）。

你可能不知道为什么你将视觉记忆保存了一段时间而没有将它们立即抹掉，但是你确实保存了这个视觉记忆。这也许就是为什么凭直觉相信“心目”的准确性在这个测试中能够奏效（但不是总能奏效。如果大脑有理由相信幻想能够更好地保护它所忠实服务的身体，它会说服自己相信它没有经历过的事情。例如，有时为了响应他人的建议，你会无意识地把一个错误的形象储存到自己的记忆中，只是为了不让那人生气）。

练习：牌感

重新排列这16张扑克牌，使得排列后任何同样大小或同样花色的两张牌不在同一行、同一列或同一对角线上。每张牌右下角的空白小方框是让你填写扑克牌的编号（例如，红桃J可以记为“红J”，黑桃Q可以记为“黑Q”等）。如果你喜欢，你可以把自己的扑克牌按照下面显示的方式摆放。

这个练习要用到短时记忆能力，并且能够培养专注力，因为在心中试验其他可能性的时候，你必须记住某些可能的位置。完成这个任务大约需要5分钟，这是一个合理的标准。如果你需要帮助的话，下面的“提示”可以为你开个好头。

提示：把下面4张牌分别放在4个角落：黑桃A放在左上角，梅花J放在左下角，方块K放在右上角，红桃Q放在右下角。

假如有一种增强记忆力的药物可以让你在第一时间记住一切事情，你愿意服用这种药物吗？

虽然俗话说“熟能生巧”，反复的练习和演练有助于技能和知识的长期记忆；但是，有时一件突出的孤立事件也会在记忆中留下永久的烙印，这是因为它激发了一种情感反应。最近有关长时记忆的分子基础结构的研究成果解释了这个矛盾现象，而且还提出：我们甚至可以通过“聪明”药物来操纵我们的学习能力。

这只苍蝇于下午12点41分零6秒从你右侧视野的最末端经过。这个事件对你没有任何情感影响。你的大脑分泌出一种化学物质，阻止你记住这件事情，更不用说记住这只苍蝇长什么样子了。

在记忆形成的过程中，大脑分两个层面工作：对事件的即刻识别和长时记忆保持。

想象一下，即使在“平静的”一天，你也要面对感官所获取的数以百万计的信息组。不要责怪你的感官。它们完全是为了保护你，才使你的眼睛、耳朵、鼻子、嘴巴和皮肤处于开放状态。但是，大脑是如何对这些信息组进行取舍呢？

你能够在第一时间记住一些事情或忘记其他一切事情是有原因的

对于大多数事件，大脑都会进行信息加工，以便让你在事件发生的时候应对那个信息。如果大脑认为所发生的事件将影响到你的生存能力——不管你怎样定义生存，你可以认为是与猛兽搏斗，也可以认为是老板对你的打招呼没有反应——那么大脑将会激发一种机制，把行动信息传送到身体的其他部位。因为它把这种情形看作一种危机，这些情感驱动的反应将使这个事件被储存到记忆中以备将来使用（见“当我们睡眠的时候大脑在忙着做什么？”第164页）。

但是，如果一个事件没有什么危险，例如飞过一只苍蝇，那么你就会忘记它。最近的研究表明，这个机制在编码危机事件的同时也会抹掉其他许多事件，从而防止大脑负荷过多。但是，你怎么能够支配大脑对信息的记忆呢？如果你想学习一些不带情感的东西怎么办？

我怎么能够阻止橡皮擦效应？

尝试重复。或许重复能够让你的大脑“改变主意”。可能你的大脑会对自己说：“我所竭力保护的这个人好像对一件‘事情’特别关注，而我以前的程序没有把这件事当作‘危机’记忆。但是，如果我不改变去保护自己的主人，那么我就什么都不是了。好吧，2+2=4。我将把这件事也储存起来，因为它时常出现，似乎很重要。”

我真的需要这种药物吗？

最近的实验研究从另一个方面暗示，可能有一天我们会比我们大脑的看门人聪明。我们可以通过服用一种抗血清而暂时关闭大脑负责阻止某些事件进入长时记忆的机制。到目前为止，这种“CREB鸡尾酒”（见第70页的“研究”栏和第71～72页的图示）

练习：词环

说明：在下面圆环内要填的10个单词中，每个单词都会导向另一个单词，词语之间相互引导或重叠。如果你找到一个恰当的单词作为开始，那么完成其他9个相互重叠的单词应该不会有太大的困难。请根据下面相对应的线索完成这10个单词。

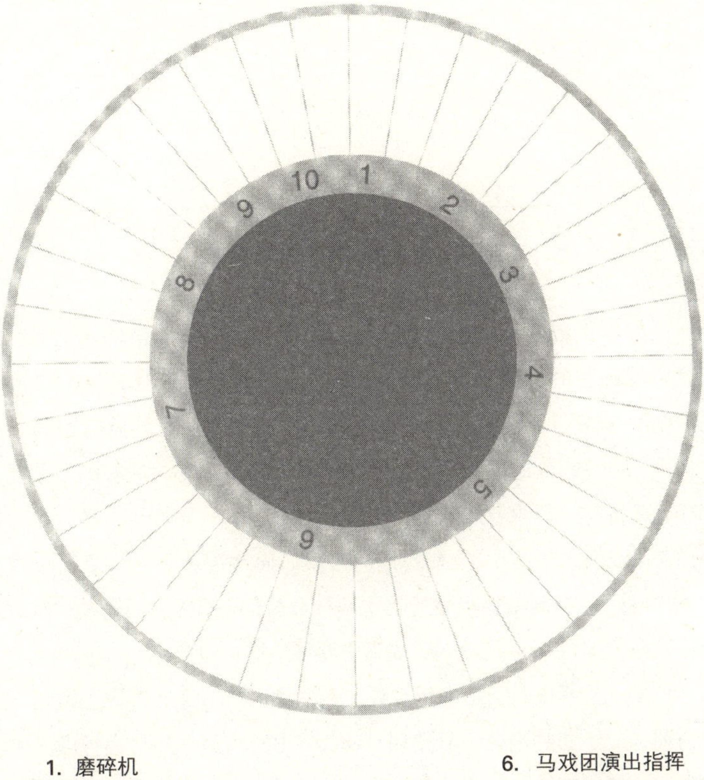

1. 磨碎机
2. 简洁的
3. 秘密的
4. 退休
5. 转移注意力的话（两个单词）
6. 马戏团演出指挥
7. 斯特诺燃料
8. 注意到的
9. 死球（冰球运动）
10. 忘恩负义的人

提示： 5 = red herring；9还可以表示糕点上的“糖衣”。

只在白鼠和海蛤蝓身上用过。但是其中隐含的意义是非常吊人胃口的：可以迅速自动地记住任何你想记忆的事情，甚至连一点自我约束都没有。但是从另一方面考虑这件事：你真的想服用这种“聪明”药吗？你真的想让它破坏大脑分辨生命中的重要经历和琐碎小事的可靠机制吗？

研究——学习的化学反应

人们很久以前就知道形成长时记忆需要蛋白质的合成。这可能是因为神经细胞的树突里发生了永久的改变，以便将来通过突触传递信息的能力被加强。参与这个过程的细胞基础似乎还有环腺苷酸和一种被称为CREB的蛋白质。环腺苷酸是一种存在于细胞内的基因调节器，CREB蛋白质对环腺苷酸作出反应。CREB还有一种阻遏物类型，它的作用与刺激蛋白质合成类型的作用相反。通常情况下，一个简单的训练事件同时释放刺激物和阻遏物这两种类型的CREB；阻遏物CREB的功能是阻止对仅仅碰到过一次的不必要细节进行过分记忆。

但是，阻遏物CREB的活性要比刺激物CREB降低得快。因此，反复的训练或不断的遭遇会导致刺激物CREB的积聚，并且进行最高效率的学习。如果在实验中用抗血清阻挡阻遏物CREB，那么一次训练后就会形成同样的长时记忆。

通常情况下，紧接着一次单一事件的持续性长时记忆只发生在那件事引起特别的情感反应之时。之所以会发生这样的情况，是因为大脑中调节处理情感刺激的系统可能会抑制阻遏物CREB。

“储存还是忽略”：这是CREB应该回答的问题

1. 小孩看到可怕的老虎，它把要跑的冲动从眼睛发送到大脑的神经细胞。

2. 在这些细胞的细胞核内部，CREB行动分子把“忘记它”CREB推开。

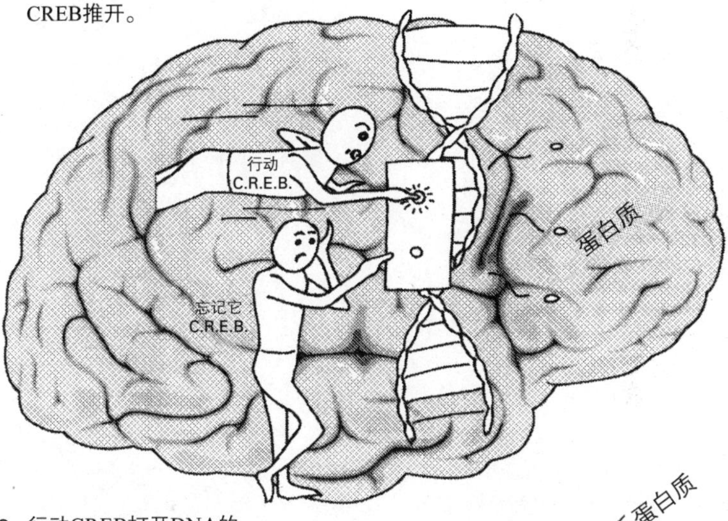

3. 行动CREB打开DNA的开关，告诉它的基因发出蛋白质分子。

4. 蛋白质沿着神经细胞的树突急速前进，加强和延长这些树突以便下次她再看到老虎时，她会马上获得这个印象并且逃跑。

（下页继续）

但是，如果这个小孩经历不值得注意的事情，“忘记它”CREB分子将会例行按下“关闭”按纽。没有开关，没有蛋白质，树突逐渐就失去活性了。

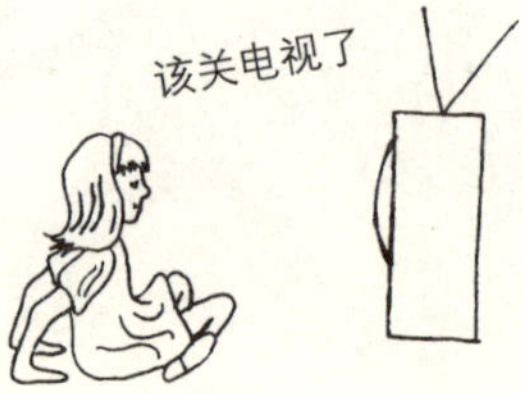

1. 母亲叫道：“亲爱的，该关电视了。”声音从耳朵把要跑的冲动发送到大脑的神经细胞。

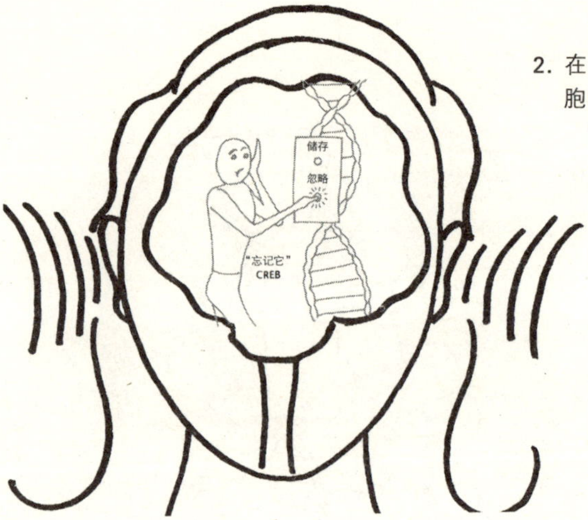

2. 在这些脑细胞的细胞核内部，“忘记它”CREB例行按下“关闭”按纽——这是它通常做的，除非是情感型经历或这个人有意识地重复一个经历从而把它记住。

3. 没有蛋白质被释放出来以加强细胞间的联系。小孩忘记了母亲刚刚说过的话，因为这个经历对她没有情感影响，没有降低“忘记它”CREB的活性。

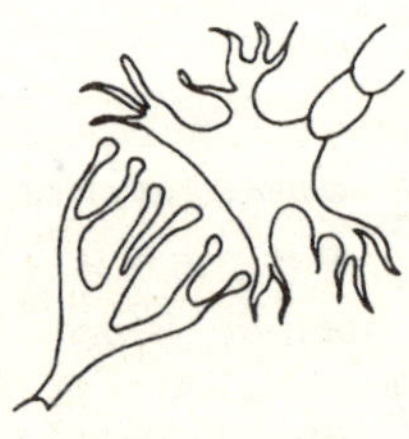

寓意：如果你需要学习许多东西，那么你就可以模仿这种增强记忆的情感激发模式，把要学习的东西分阶段重复练习，中间进行短暂的休息。通过这种方法，你的“行动”CREB分子数将增加，超过“忘记它”CREB的分子数。

你甚至能够运用某些你不知道自己已经拥有的知识

想象下面的情景：

给一个健忘症患者看一组单词。几分钟之后，他不仅不能够记起任何一个单词而且连给他看过一组单词这件事也给忘了。但是，当要求做一个记忆启动的练习时，例如选择最恰当的单词填空，健忘症患者通常会使用之前看到的一组单词。因此，我们并不能够下结论说健忘症患者不能记住看过的东西。

这种实验表明，对信息和事件正常的、有意识的回忆——被称为陈述性记忆或外显记忆——与无意识的、内隐的、非陈述性记忆非常不同。外显记忆通常需要内隐记忆的参与，但是大脑颞叶中部或间脑受损会引起外显记忆丧失，而内隐记忆仍然保存完整。

奥利弗·萨克斯提供了一个典型的病例：一个患有极端面孔失忆症的男子总把妻子错认为帽子。

有些患者还表现出另一种类型的无意识记忆，被称为“盲视”。这种患者由于视觉大脑皮层受损，因此他们完全意识不到自己看见的任何东西。例如，如果在他们的右侧视野照射一束亮光，他们会报告说自己什么也没有看见。但是，如果刻意要求这些患者猜测光线可能从哪里照射了出来，他们会说出正确的区域，其准确程度远远超出了正常概率，有时几乎完全正确。

不能够辨认熟悉面孔的人

通过对一些面孔失忆症患者进行研究得出了其他一些类似的发现。面孔失忆症是辨认熟悉面孔能力受损的一种病症。当给这些患者看知名人物或不知名人物的面孔的图片时，他们会说不认识这些人。但令人惊讶的是，当给这些患者同时呈现一张知名人物的面孔图片和一张不知名人物的面孔图片时，他们能够像正常人一样迅速判断出两张图片的异同。

研究表明，训练和技巧可以提高外显记忆

以上所有这些病症其实是每个人都会出现的记忆缺失的极端表现形式。即使大脑的任何部位都没有损伤，我们在有意识地获取知识和理解事物方面的能力都存在不同程度的差别。人类大脑有意识地从记忆中提取知识的能力进化得相对较晚，而且现在仍然不十分完善。但是，陈述性记忆的技能——首先学习知识，然后进行提取——好像是可以通过训练而提高的。

自我测试：隐性知识的提取

这个简单的测试让你明白，即使你很多年以来每天都经历一些非常熟悉的事情，但要提取这些知识也是非常困难的。请回答下列问题：

1. 交通信号灯最上面一个灯的颜色是红色还是绿色？

2. 回忆电话机的键盘。勾勒出所有数字、星号和井号的排列布局。

3. 当一本书正面朝上放置时，书脊上的英文标题是正面朝上还是正面朝下？（提示：美国和英国有不同的印刷习惯。）

4. 在烤箱的标度盘上，最高温度数字和最低温度数字分别是多少？

5. 在一美分硬币上，亚伯拉罕・林肯的脸朝向哪一边？

6. 在1美元到100美元之间的钞票上印刷的所有前政治家中，有两位不是总统。请说出他们的名字。然后，分别说出其他钞票上印刷的前总统的名字（提示：其中一个是驻法大使，另一个是财政部部长）。

7. 我们都知道美国国旗上有多少颗星。但是，这些星被排列成了多少行，每行又有多少颗星？另外，旗子上有多少红条和多少白条？最顶端的条子是什么颜色？

自我测试：如何记住人名

记忆人名的能力好像有非常大的个体差异，而且老年人最常出现的记忆问题是忘记人名。然而，即使是人名记忆力很差的人也能够通过简单的记忆术训练来克服这个缺陷。这些记忆法依据的是这样一个观点：当信息以一种对个人有意义的形式进行编码时（这有时被称为精细编码），记忆力就很可能被提高。

A. Roundy

C. Bins

A. Miller

J. Richardson

下面是面孔与名字配对的技巧：

1. 识别面部的一个突出特征。
2. 把这个人名转化为一个具体、形象的物体。
3. 在头脑中将这个面部特征和这个被转化的物体名字结合起来。

[例如：一位长发男子的名字叫O’Brien；你可以把“O’Brien”转化为“lion（狮子）”，并且想象他的头上长着狮子的鬃毛。一位长着浓眉的女士叫Crocker；你可以把“Crocker”转化为“cracker（饼干）”，并且想象她的眉毛上有一块饼干。] 这个技巧可以被进一步深化和加强，其方法是对这个联想的形象作个人好恶的情感评价。

练习：术语记忆

下面的纵横填字游戏用来测试你对7个与记忆有关的关键词的回忆。这7个英文单词均在上面的一篇文章中出现过。请根据下面对应的汉语翻译完成这个填字游戏。

横向

3. 健忘症
7. 面孔失忆症

纵向

1. 盲视
2. 记忆术
4. 外显
5. 内隐
6. 启动

提示：横向7是“prosopagnosia”。

遗忘的一个主要因素

如果你有过一次连续看两部电影的经历，那么你就会知道，看完第二部电影之后，你很难记住第一部电影的故事情节和细节内容。这不是因为看第一部电影后相隔时间太长的问题；事实上，几个小时后你对第二部电影的记忆仍然很深刻。

这种现象被称为倒摄抑制或倒摄干扰。许多学习和记忆工作都会出现这种现象，这已经得到了证实。前后两项任务的相似性越大，遗忘的程度就越高。对于这种现象的了解使人们认为，后学内容对前学内容的干扰是遗忘的一个主要因素。

另外一种遗忘也不是你的错

干扰也有其他方式。比如说先后记忆两组单词，那么相比之下对第二组单词的记忆比较差。这种现象被称为前摄抑制。

前摄抑制有一个很奇怪的方面：它会随着时间的延长而逐渐消退。实验证明，对于两项任务中的第一项已经明显消失的记忆会在24小时之后自发恢复。随着对第一项任务的记忆的恢复，它将干扰对第二项任务的记忆，反之亦然，直到前摄抑制所产生的遗忘数量与后摄抑制所产生遗忘数量相当为止。

为什么接近中年的人在生活和工作中不得不处理大量信息的时候才认为他们的记忆力在衰退？这两种自然发生的遗忘原因是否能够帮助解释这一点呢？

自我测试：倒摄抑制

请用5分钟的时间学习下列成对单词。然后用一张纸将其覆盖，只看页面底端的单词，其中包含了上面成对单词的第一个单词，但顺序被打乱了。

在不看上面成对单词的情况下，尽可能根据你的记忆写出与每个单词相匹配的单词。写完之后，与上面的词表对照，记录写对的数目。换一张空白纸，重复上面的任务，直到你把所有的成对单词都记住。

BUG — ONION
WATER — ZEBRA
PAPER — LAMP
TONGUE — CAR
HOUSE — SUN
BASEBALL — LOCK
PAINT — MINT
GUM — CLOCK
FAN — CANDLE
COLLAR — BEE

COLLAR —
PAINT —
WATER —
BUG —
TONGUE —
FAN —
GUM —
PAPER —
HOUSE —
BASEBALL —

（下页继续）

接着，学习和记忆下面的一组成对单词。这组成对单词的左栏与上页中的单词一样，但右栏的单词不同了。如果你记忆这组单词需要花费更长的时间，那是因为前摄抑制在作祟。

BUG — GLOVE
WATER — POSTCARD
PAPER — PHONE
TONGUE — BOX
HOUSE — MASK

BASEBALL — BELL
PAINT — ROCK
GUM — SHINGLE
FAN — BEACH
COLLAR — FIRE

记住上面这第二组成对单词后，再测试一下自己对上页第一组成对单词的记忆情况。如果你不能够记住第一组成对单词，那是因为倒摄抑制在作祟。

COLLAR —
PAINT —
WATER —
BUG —
TONGUE —

FAN —
GUM —
PAPER —
HOUSE —
BASEBALL —

最后，请等候一天，然后再测试自己。如果你混淆了这前后两组成对单词，那是因为对第一项记忆任务中的细节内容的自发恢复，而它将对第二项记忆任务中的细节内容进行抑制，但反过来又被第二项记忆任务中的细节内容所抑制。一般来说，最终结果将会是：你所忘记（或记住）的两组成对单词的数量基本一致。

练习：加法锁

说明：这个谜题中每个数的各个位数之和始终等于下面给出的值。同一个数字在一个答案中只能使用一次，而且不能使用0。例如，横向8有5个方格，而线索中给定的值是“23”，也就是说你需要填5个和为23的不同数字到这5个方格中。那么，你就得考虑那些数字的正确顺序，从而解决这个谜题。我们为你开了个头，把一些数字已经填了进去。

横向

1. 7
4. 15
6. 13
7. 15
8. 23
11. 17
13. 17
15. 15
16. 39

纵向

2. 21
3. 15
4. 25
5. 19
9. 23
10. 23
12. 21
14. 21
15. 17

提示：所有的答案都以偶数结尾。

如果你想记住复杂的信息，那么就把它形象化。天才就是这么做的

我们从那些有惊人记忆力和超强心算能力的奇才身上可以了解，如何使用我们的大脑更加有效。这些奇才看似超人的技能——通过训练获得或是对某种认知缺陷的补偿——可能在实际生活中没有什么用途。既然我们能够把东西写下来，既然我们可以使用计算器和计算机的数据库，我们又何必在头脑里做这些事情呢？虽然这些奇才的许多惊人能力没有什么实际价值，但他们仍然拥有一定的魅力，令普通人神往。谁不想知道这些奇才是如何做到那些超人的事情呢？甚至连我自己也想学习他们的本领。

不管是天生拥有还是通过刻苦训练获得，记忆高手在表演他们的技艺时通常都有一个特殊的诀窍，即把信息转化为形象模式。英国记忆研究专家莱斯利·沃为跨越半个世纪的重大体育赛事创建了一个实际的档案柜，然后在自己的大脑中把它形象化。当被问及一场赛事的举办日期或某日举办了哪场赛事时，他会想象自己在翻阅文件，然后打开一个文件，找到需要的信息。

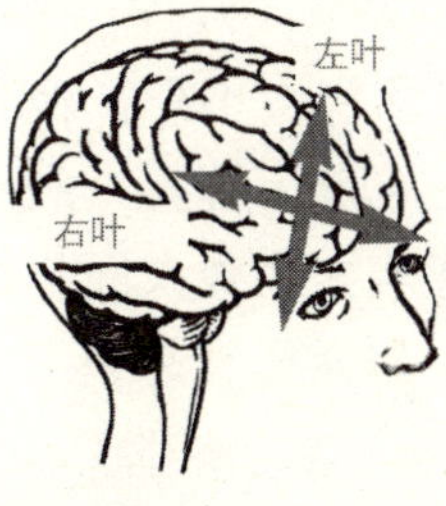

大脑的左右两个半球分别处理来自身体相反一侧的信息，并且把指令传输到身体相反的一侧。

从某种程度上讲，沃的记忆技能似乎是我们大多数人都可以掌握的。例如，我们大概对我们房屋的布局都有一个记忆，甚至是以前住过的房子也能记得，这就可以使我们能够在头脑里想象自己在房间里走动，查看房间里的东西。在适当的情景下——在催眠状态下或在睡梦中，这些回忆会变得非常丰富和详尽，以至于我们在自己想象的虚拟现实之旅中几乎能够真正地触摸物体、嗅到气味，以及被物品绊倒。

这样看来，我们可以把信息形象化地储存在大脑中，而且这种方式似乎超越了记忆。神经病学家奥利弗·萨克斯讲述了一个

人由于右脑受损而导致左侧视觉能力丧失的故事。这对他视觉记忆的影响同样非常严重：当要求他通过想象自己从一个熟悉的城市广场的南端进入从而回忆这个广场里的重要建筑时，他根本不能够回忆起广场西边(左侧)的任何东西。当要求他想象自己从北端进入广场时，他能够清晰地记起西边的商店，但对广场东边的记忆则是一片空白。

然而，这个诀窍就是把信息形象化地储存在大脑中，而且要详细，就像沃所做的那样，而且在需要的时候进行提取。这可能不仅仅是一个训练的问题。

鲁利亚的病人S具有最敏锐的记忆力，但是不能够忽略任何信息，这个事实常常让他很不安

前苏联心理学家鲁利亚把S描述为“文献记载中所描述的一个记忆力最敏锐的人”。S对于自己的所见所闻都有非常清晰的印象，然而这种建立在他似乎永不疲倦的记忆力基础上的几乎超人的能力，也在某种程度上成了他的一个缺陷。虽然他有无人能比的记忆力，但他常常给人一种混沌和愚蠢的印象，因为他的视觉图像和他被告知的情节或结构之间没有任何关系，只与一些个别的单词或声音有关系，结果就变得非常混乱。“不”，他会说，“太多了。每个单词都使我想起图像；它们相互碰撞，结果一片混乱。我什么也看不到。”S的问题与我们大多数人面临的问题相反：他所面临的挑战是控制这些形象，以及学会忘记不需要的信息的方法(例如把电话号码写在一张纸上，然后烧掉)。

著名语言学家和计算高手汉斯·爱伯斯塔克能够靠发音记忆单词和数字

出生于奥地利的同声传译汉斯·爱伯斯塔克拥有语言和算术天赋。这在某种意义上说明这两种能力好像是紧密相关的。一旦他记住任何语言中任何单词的声音和意义，他就永远不会忘记它。例如，“duk’as”在喀沙亚波莫语中的意思是“鲍鱼”。

爱伯斯塔克还具有非凡的心算能力和数字记忆能力。他使用的一个主要技巧是把数字转化为他自己发明的一种语言中的“单词”。这些单词是根据由数字形象所能联想到的声音建立的。例如，数字7对应L，因为它看上去就像一个倒立的L。这样，一系列数字就变成了一系列声音。通过这种从数字到声音的直接和完全的自动转换(就像是打语音拨号电话机一样)，再加上他惊人的声音记忆力，爱伯斯塔克能够将圆周率的值记忆到10000位以上。

亚历山大·艾特肯能够通过发现新旧信息之间的联系将信息迅速而精确地记住

亚历山大·克雷格·艾特肯是一位伟大的数学家、心算家和全能天才。他也是依靠数字的“听觉的韵律记忆”。但是，他还有一个天才能力，是把看似最随意的数据与储存在超大容量的大脑中的其他事实和模式建立起丰富的联系。因此，他描述对数字7的联想要远远比视觉或听觉形象要丰富得多：

> 诗句“他们经过昴星七星”——古人头脑中的神迹——安息日或第七天——礼拜天的宗教仪式——迷信中与13和3形成对照的数字7——7作为循环小数的0.142857，这个小数乘以123456得出一个循环次序一样的数字——最近在一则评论上看到的比尼恩写的一首关于数字的诗——我可以从中引用。

就像伊恩·亨特在一篇传记性文章中写的那样：

> 将艾特肯的活动界定为“记忆”，把它们看作是孤立的“能力”，以及试图在我们界定的范围之内理解它们，这都会使人误入歧途。艾特肯的记忆是相互支撑的多种活动经过多年发展和积聚的结果，是一个非常复杂、广泛、高度综合的系统的一个方面。

行自然之事

对于像爱伯斯塔克和艾特肯这样的天才来说，他们认为自己的天赋非常自然，任何人稍加训练就能够获得同样的技能。当然，如果我们拥有和这些天才一样的大脑，我们也可以表现出同样的才能。你能像艾特肯那样迅速、准确地进行心算吗？例如，你能够学会在两秒钟之内计算出两个三位数——比如123乘以456——的乘积吗？在亨特的另一篇传记作品中，艾特肯描述了他自己的计算方法：

> 我是分两步来做这个计算的：我立即就看出123乘以45是5535，而且123乘以6是738；我几乎就不必思考。然后，55350加上738等于56088。甚至在记忆56088的那一刻，我已经通过除以8把它检验过了，除以8等于7011，然后再除以9等于779。我发现779除以19等于41；41乘以3等于123，19乘以24等于456。你瞧，这就是一个检验，整个过程只需要大约1秒钟。

通过邮递员资格考试的策略

请尝试做下页中的邮递员资格考试试题。除非你有惊人的记忆力，否则如果不借助一些记忆技巧帮助的话，你可能通不过这个考试。事实上，这种考试成绩好的人都会运用形象联想的技巧。他们设计出一些简单明了的方法，把数字和无意义的名字转化为熟悉、具体的形象。用这种方法，再加上一点点的练习，任何一个具有普通智力的人都能够在这种考试中得优。

自我测试：你能成为一名邮递员吗?

虽然记忆技巧有时看上去没有什么用处，但有时确实很有用。如果你想成为美国邮政公司的职员、邮递员或信件分拣机的操作员，你首先必须通过一个记忆测试，就像下面的一个测试一样。如果你喜欢，你可以试试看。（祝你好运！）如果你感觉受挫，请阅读后面的“提示”，看看通过这个考试的人是如何做的。

说明：下面5个标明A-E的方框中，每个方框都有3组与街道名称相关的数字序列，以及两个没有标数字的名称。你有5分钟时间来记忆数字序列及名称与方框的对应关系。

A	B	C	D	E
2900–3299	2000–2099	6100–7299	4100–4899	1300–1599
College	College	College	College	College
Wellmann	Shike	Kaytron	Britt	Farne
8500–9199	3200–3399	9900–9999	2400–2899	4300–4399
Bancroft	Bancroft	Bancroft	Bancroft	Bancroft
Sextor	Dandle	Remy	Funt	Perl
5300–5399	7200–8499	6300–6799	5800–6099	4500–4799
Addison	Addison	Addison	Addison	Addison

5分钟后将方框覆盖。不允许再回头参考方框的内容。凭借记忆，尽可能迅速、准确地在下面每个地址的旁边写出其所属的方框编号。你有5分钟时间。

1. 2000–2099 College
2. 7200–8499 Addison
3. Sextor
4. 5800–6099 Addison
5. 4300–4399 Bancroft
6. Funt
7. 2900–3299 College
8. 6300–6799 Addison
9. 8500–9199 Bancroft
10. Kaytron
11. Farne
12. 9900–9999 Bancroft
13. 1300–1599 College
14. 7200–8499 Addison
15. Wellmann
16. 2400–2899 Bancroft
17. Britt
18. 6100–7299 College
19. 6300–6799 Addison
20. Dandle
21. Shike
22. 4100–4899 College
23. 3200–3399 Bancroft
24. 4300–4399 Bancroft
25. 5300–5399 Addison
26. Remy
27. Perl
28. 1300–1599 College
29. Farne
30. 2900–3299 College
31. 2400–2899 Bancroft
32. Wellmann
33. 1300–1599 College
34. 9900–9999 Bancroft
35. Dandle
36. 6300–6799 Addison

（下页继续）

提示： 尝试运用下面的形象化记忆技巧。首先注意，每个数字序列只对应一个街道或方框，因此你根本不必要记忆数字序列或街道编号的末尾数字。

让我们以方框A中的第一项“2900-3299 College”为例来说明这个记忆技巧。首先把数字转化为声音，然后再转化为形象。让声音“t”与第一个数字2相对应(t是2这个数字英文单词的第一个发音)，让9与“ine”的声音相对应。这就使你得到了一个单词“tine(叉)”，从这个单词自然会联想到叉子的形象。为了记住以“29”开头的数字序列在方框A中，把叉子和一个能以字母A开头的便于形象化记忆的物体结合起来。联想在一个苹果里插着一个叉子就非常好。

这个方框的下一项是“Wellmann”。想象苹果上有一个条痕(welt)，或在井(well)里有一个苹果，这都没关系，只有这个形象能够被清楚地记住就行。这种方法好像很麻烦，但这就是形象化记忆技巧的特征。你对数字联想练习得越多，当你看到两位数的时候，形象就会越能够自动地进入你的大脑。也就是说，你会迅速地学会跳过组合这一步，但是你也可以在需要的时候随时返回到这一步来。这样你就可以学会那些形象化记忆的技巧了，就像鲁利亚的病人S那样的记忆天才一样能够自动进行形象化记忆。

37. 7200–8499 Addison
38. 1300–1599 College
39. 6100–7299 College
40. 3200–3399 Bancroft
41. Shike
42. 4500–4799 Addison
43. 5800–6099 Addison
44. Perl
45. Kaytron
46. Sextor
47. 2900–3299 College
48. 4300–4399 Bancroft
49. 2400–2899 Bancroft
50. 1300–1599 College
51. 9900–9999 Bancroft
52. 7200–8499 Addison
53. Wellmann
54. Remy
55. 4100–4899 College
56. 8500–9199 Bancroft
57. Funt
58. 4500–4799 Addison
59. 4300–4399 Bancroft

自我测试：测试你与天才的差距

你需要准备一个计时器。

1. 你需要多长时间才能够全部记住右侧一栏的数字？鲁利亚的病人S只需要3分钟就能够全部记住（通常，S能够终生记住这个数字表，以及其他成千上万个这样的数字表和无意义的音节序列）。亨特和洛夫研究过的一个记忆天才V. P.需要6分半。

6	6	8	0
5	4	3	2
1	6	8	4
7	9	3	5
4	2	3	7
3	8	9	1
1	0	0	2
3	4	5	1
2	7	6	8
1	9	2	6
2	9	6	7
5	5	2	0
x	0	1	x

2. 记住右侧一栏数字V. P.花费了4分钟6秒：

1	6	4	3	5	9
2	6	6	5	5	9
4	1	3	2	6	4
9	6	2	4	0	4
0	3	7	4	2	8
5	1	9	7	2	3
5	4	8	4	6	5
6	5	1	3	0	0

3. 记住下面的25个单词你需要尝试几次？当有人让艾特肯以每秒钟一个单词的速度阅读这些单词时，他尝试4次就能够记住所有单词。第一次，他记对了12个单词，第二次记对了14个，第三次记对了23个，第四次全对。

HEAD, GREEN, WATER, SING, DEAD, LONG, SHIP, MAKE, WOMAN, FRIENDLY, BAKE, ASK, COLD, STALK, DANCE, VILLAGE, POND, SICK, PRIDE, BRING, INK, ANGRY, NEEDLE, SWIM, GO.

（顺便提一下，艾特肯从来不使用标准的记忆专家所提出的技巧，即把每个单词联想为一个故事中的一个视觉形象。他通过“声音”进行记忆。）

4. 记住16个三位数你需要尝试几次？当有人让艾特肯以每秒钟一个数字的速度阅读这些数字时，他尝试了4次。第一次，他记对了6个数字，第二次记对了10个，第三次记对了14个，第四次全对。

194, 503, 876, 327, 714, 961, 583, 259, 487, 364, 950, 613, 294, 437, 182, 659.

练习：分配数字

说明：把下面5×5的表格分成5个部分，使得每个部分内的数字之和相等，而且没有两个相同的数字。

1	3	8	1	2
8	4	3	2	1
3	2	1	4	5
2	7	5	6	4
4	1	2	5	6

提示：整个第五列就是其中一个部分。其他几个部分的形状都不规则。

包括谈话在内的背景噪声会影响你的记忆力

实验结果表明，不同程度的背景噪声，小到“白噪声”(一种几乎听不到的嘶嘶声)大到谈话声，都会影响到需要短时记忆和长时记忆参与的多种工作的执行。实验分不同性别、一天中的不同时间和噪声类型进行测试。

我们发现，甚至连比较有趣的声音也会干扰记忆工作。大脑的工作是保护身体。但是，大脑不能分辨是背景音对生存更重要还是手头上的工作更重要。这就是为什么当存在分散注意力的声音时，大脑很难充分地集中精力。用机器在背景制造白噪声可以提高处理信息的能力，因为白噪声的影响力压过了其他分散注意力的声音。

你的年龄在30～40岁之间吗？你近来有没有在吵闹的酒吧或鸡尾酒会上与他人谈过话？

针对分散注意力的实验研究表明，过滤分散注意力的事情，并且同时处理对注意力的不同需求，是我们所具有的一种最脆弱的能力。分散注意力的实验要求受试者同时监控两个或3个信息源。例如，受试者有可能被要求连续聆听3对数字。每次一只耳朵听一个数字，另一只耳朵同时听另一个数字。之后，受试者必须报告他或她听到的数字。

处理这种任务的能力在30～40岁之间明显衰退。这是否意味着记忆力的丧失与年龄有关？是，也不是。信息处理和提取策略对于记忆来说确实很重要，但从直接的角度讲，不是记忆力本身受到了影响。回忆一只耳朵听过的单个数字序列的能力会随着年龄的增长而衰退，但这种衰退一旦到达人生的晚期就会停止。

练习：数字锁

完成这两个练习需要集中注意力——记忆力的一个重要组成部分。因此，在你写下来头脑中记忆的每个线索的可能答案之前，你必须忽略分散注意力的噪音或其他事情。下页中的说明对这两个练习都适用。

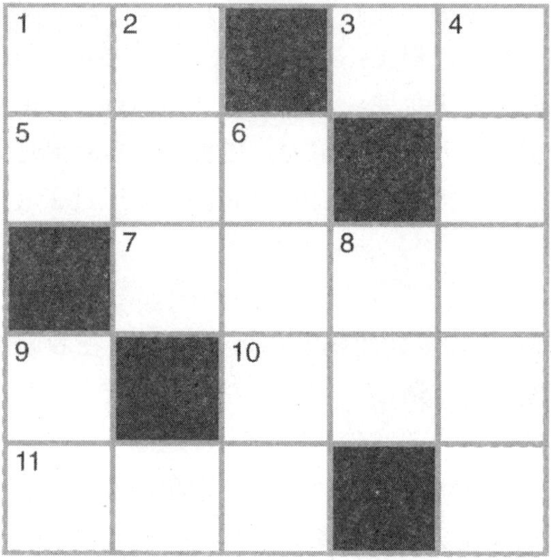

横向

1. 一个本身就是平方数的奇数的平方。

3. 一个本身是立方数的偶数的平方。

5. 一个素数的立方。

7. 各位上的数字均匀降低。

10. 前两位是一个平方数，最后一位是这个平方数的平方根。

11. 横向3的平方根的立方。

纵向

1. 它各位数之和是11。

2. 一个平方数。

4. 第三和第四位数组成的数字是前两位数组成的数字的1/3，是最后一位数的3倍。

6. 前两位和后两位数是纵向1中两位数之和的倍数。

8. 一个素数的平方。

9. 与纵向4的前两位数相同。

提示：纵向6 = 3322。"素数"是只能够被其本身和1整除的数。一个数的"平方"就是这个数与其本身相乘后所得的值。

练习：数字锁

说明：你可以填写从1到9的任何整数；但不能填写分数、负数和0。每个方格内只能填一个数字，但在一个组合中可以多次使用一个数字。在出现多种数字组合都有可能的情况下，在联锁的数中寻找其他线索。

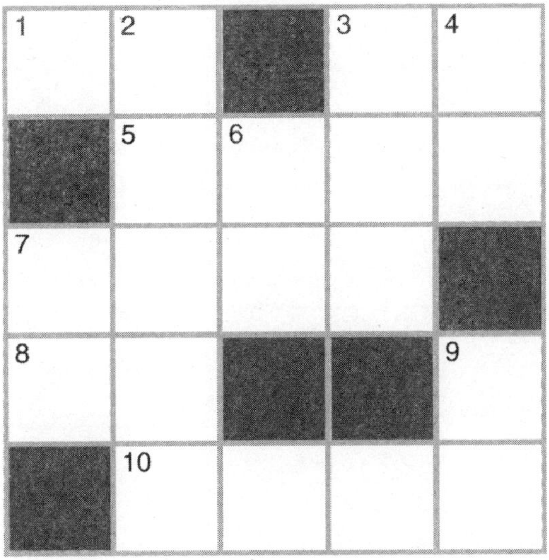

横向

1. 高尔夫中警告杆的平方。
3. 黑色星期四，萧条日。
5. 横向3的年份。
7. 第二次大陆会议召开的年份。
8. 万圣节那日。
10. 前3个位数是纵向9的平方，第四位数和第三位数相同。

纵向

2. 一个回文数。
3. 纵向9的一个倍数。
4. 一个素数的平方。
6. 横向3的一个倍数。
7. 哥伦布日的第二天。
9. 一个素数的平方（与纵向4不同）。

提示："素数"是只能够被其本身和1整除的数。一个数的"平方"就是这个数与其本身相乘后所得的值。"回文数"是正读、反读都相同的数。

练习：联锁字谜

这个练习对注意力的要求很高，在有背景噪声干扰的情况下，可能很难保持这种注意力的高度集中。

重新排列下面的每组字母，组成一个单词（或一个不同的单词）。将单词按照其编号写入方格中，使得每个单词纵向读和横向读时相同。

	1	2	3	4	5
1					
2					
3					
4					
5					

1. SAVEH
2. NVAEH
3. TAVER
4. SERVE
5. TERNE

提示：3 = avert。

为什么故事比清单容易记忆？

除了那些低能奇才或少见的、有着非凡记忆力的人之外，我们大多数人在记忆信息的时候，如果把要记的信息添加到我们已知的东西中，将会获得更好的记忆效果。例如，无论记忆任何故事，如果我们能够把它与所谓的图式(熟悉事件或例行程序的一般结构轮廓)结合起来，那么记忆将会变得更容易。

用一个简单的例子就可以说明这个道理：在记忆一场国际象棋比赛的细节报告时，一个熟悉国际象棋一般规则和结构的人要比那些没有学过下棋的人要轻松得多。根据一种观点，许多有着良好记忆力的人把他们的能力简单地归结为他们拥有大量的知识储备，因此他们就能够把新信息融入已有的知识，从而使其对他们个人有着独特的意义。这就可以解释他们为什么感觉组织和管理新信息时比较轻松。

你的大脑努力把新信息融入已知的模式，结果它可能会用“可能”发生的事情代替真正发生过的事情

我们常常有一种强烈的愿望，即把新的信息并入以往的知识，结果就超出了客观事实本事，并且有时把微不足道的刺激转化为知识。由于这种愿望非常强烈，而且是自动产生的，因此它有时会导致我们在理解和回忆事件时出错。如果我们听说一位朋友把信用卡交给了服务生，然后索要帐单；而当要求我们自己复述这个事件时，我们很有可能会无意识地“更改”事件发生的顺序，使其符合我们熟悉的饭店图式。参考“饭店图式”可以使听到的话的内容对于你这个听者来说更有意义，而不会产生混淆。但这个事实只是源于你的假设：你认为一个人向服务生索要帐单就说明他刚刚在一家饭店吃了一顿饭，但这在以上的事件中从来就没有提到过。

> 一位男子和他的小儿子在过马路时被一辆汽车撞倒了，肇事司机逃逸。父亲当场死亡，儿子严重受伤。儿子被送往医院，并立即被推进急救室。但医生却说："我不能给我自己的儿子动手术!"

这个故事会让读者感到困惑，其原因是我们认为医生是男的，而不会想到医生是受伤男孩的母亲。多数人都执拗地坚持这种假设，结果他们会根本不考虑故事中根本没说过医生是男的这样一个事实，而是绞尽脑汁想要弄懂故事的玄机。

为什么说刻板图式迟早派得上用场

尽管我们经常会因为保持这种刻板图式而受到批评，但它只是许多一般规则中的一种类型，如果没有它们，我们将很难在这个世界高效地进行活动。从严格的逻辑角度讲，如果我们因为曾经把手指放入火中而被烧伤过，就认为如果再次把手指放进去的话同样也会被烧伤——但是，想象一下，如果没有这种归纳能力的飞跃，有机体将会很快死去。有机体的这种逻辑推理能力是不可能遗传的。

我们把简单的刺激转化为连贯知识的需求非常强烈，结果使得真正的非推理性信息(与先前的谈话没有任何联系的话语信息，即纯粹的"不搭前言")很少按照这个图式被阐释。听者努力从过去的经历中寻找与谈话有联系的东西。假想一位女士在一家电脑软件公司申请了一份工作，为了确证她的能力，你与她以前的雇主联系。当问起她作为一个程序员的能力如何时，她的前任老板回答说："威杰特女士总是穿着得体，上班准时。"你自然会把这话理解为对她能力的一种圆滑的否认。你会想："该死的没用的称赞"——你是不会雇佣她的。然而，这位可怜女士的前任老板也许只是说了他当时脑子里想到的东西，并没有真正想要回答你的问题。有些时候，就连弗洛伊德也不得不承认，雪茄就是雪茄。

记忆力丧失最严重的表现就是不能够把新旧知识联系起来

在临床记忆力恢复领域，最难治疗的一种健忘症是患者不能够把新知识并入以前学过的知识。莱尔德·瑟马克及其同事们描述过一个患有严重健忘症的病人。这个病人虽然能够学习一些记忆辅助物，但根本不能够从中受益。当他记忆东西时，他的表现就像鹦鹉学舌一样，很少理解或根本不理解所要记忆的东西。失去了在丰富知识的基础上赋予简单刺激以意义的能力，这位病人丧失的不仅仅是记忆，而且丧失了人类的基本能力。

自我测试：记忆有意义图式与记忆随机图式

记忆力需要依靠新信息与熟悉图式的整合。当面对一盘有28个棋子的真实棋局时（下面左侧图），大师级选手在5秒钟之后能够记住大约16个棋子的位置，而初学者只能够记住大约4个棋子的位置。但当同样的棋子以随机的方式摆放时（下面右侧图），大师和初学者记住的棋子数一样多。如果你了解国际象棋的规则，不妨用一分钟的时间研究左侧的棋局，并且记忆尽可能多的棋子的位置。然后记忆右侧棋局的棋子位置。

自我测试：用故事的形式记忆一组单词

记忆任意一组单词的典型方法是把这些单词串成一个有意义的故事。例如下面一组相互之间没有明显联系的单词：

airplane
hyena
cream cheese
moon
volcano
ball
grease
monument
mailman
lunch

当面对这样一组单词时，大多数人都会感到记忆它们是一件枯燥甚至令人畏缩的工作。但是，考虑另外一种罗列方式（根据鲍尔和克拉克1969，希格比1977，克罗维茨1979）：

第一个单词是飞机（*airplane*），回忆你有多喜欢飞机。下一个单词是土狼（*hyena*），每一个坐在座位上的乘客都是一只土狼。下一个单词是奶油奶酪（*cream cheese*），每一只土狼都在咬一只奶油奶酪三明治。下一个单词是月亮（*moon*），而月亮是由奶油奶酪制成的。下一个单词是火山（*volcano*），火山在月亮上。下一个单词是球（*ball*），当月亮上的火山喷发时，它喷出来的都是球。下一个单词是油（*grease*），每一只球上都涂了油。下一个单词是纪念碑（*monument*），球上涂了太多油，所以流向了华盛顿纪念碑。下一个单词是邮递员（*mailman*），一群邮递员正在华盛顿纪念碑观光。最后一个单词是午饭（*lunch*），观光结束后所有的邮递员们去吃午饭。

用这个小故事罗列这10个单词后，大多数人既能够正着背出，也能够倒着背出。这种记忆方法推广了如今所谓的对材料进行“精细”编码的记忆法。它可以追溯到2500年前的古希腊诗人西蒙尼戴斯。

（下页继续）

还有一种有时被称作“首字母记忆法”的记忆技巧，但不太适用于记忆随机的一组单词。例如：

hammer
slipper
peach
trunk
leopard

取这些单词的首字母，并在需要的地方补充元音，你可以组成一个单词“HOSPITAL”。这是一种有效的信息编码和提取方法吗？不是。这种记忆法只有在记忆已知单词的顺序时有用，例如用短语“Richard of York Gave Batle in Vain”来记忆彩虹的颜色顺序。

自我测试：上下文在记忆中的作用

故事比随机一组单词容易记忆，最容易记忆的故事是通过上下文使其变得有意义的故事。如果事先就知道一个故事将会是什么样的，那么在听完故事后再回忆其细节将会变得更加容易。

考虑下面的故事：

A hundred happy faces dreamed of friends and lovers waiting to the north. Deep within, a container of the stuff we breathe sparked to life, burst, burned. Out of life came death. All choked within the darkening cocoon. The nether world of scaled creatures rushed to greet them, and mud filled their eyes. A nation reeled in shock. The friends and lovers watched lit boxes and cried.

读完这段后，你能记住多少？很可能记住的没有多少。现在，考虑这个故事是发生在佛罗里达州埃弗格来兹的一场灾难，一架满载乘客的飞机坠毁在大批爬行动物出没的沼泽中。现在再读一遍故事。这次你能记住多少呢？

练习：记忆通道

从任何一个“Kn”的格子开始，向任何方向像国际象棋中的马一样移动（一种L形的移动路线：可以横着走一格，然后竖着走两格；或者，横着走两格，然后竖着走一格）。你可以只移动到另外一个圆点，也可以跨越圆点。你不可以在同一个圆点上停留两次，也不可以到底后往回走。你的最后一步必须落在一颗星上。为了加大本题的难度，你可以在一张纸（大约3×5英寸）的中央剪一个一角硬币大小的洞，然后把它放在这个谜题上，以便你移动一次只能看到一个圆点。如果遇到困难，你可以参照下面的“提示”。

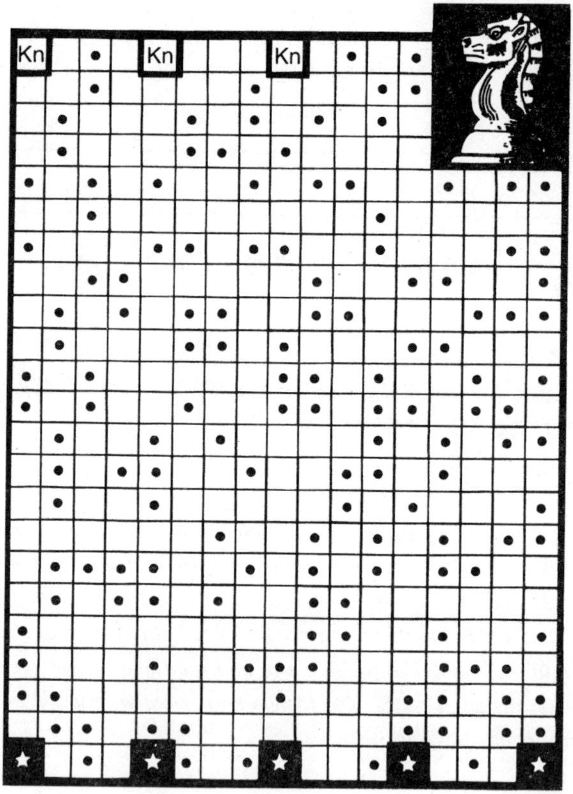

提示：一个包含26步的通道是从最右边的那个“Kn”方格开始，一直朝向下方的星格移动，然后向左转，最后落在最左边的星上。

少量压力可以促进记忆，但过多压力则会破坏记忆

最近关于老年人认知缺陷的神经学基础研究工作支持了一则古训：过多压力会使人未老先衰！

我们知道，记忆力只是一种被动的能力。许多因素都会影响我们对具体的事或信息的长时记忆。其中一个因素就是我们的情感状态：和没有任何情感激发的事件比较，满载情感、给人以压力的事件将更有可能被记住。

为什么饭后记忆力会提高……

虽然关于这个现象的发生原因和发生机制有多种理论解释，但最近有一种说法是这样的：身体和心理压力能够促进某些神经传递素的释放，例如由交感神经系统产生的肾上腺素。这些神经传递素能够提高大脑对葡萄糖的利用率，而葡萄糖能够提高记忆力，在老年痴呆症患者身上也是如此(虽然在解释葡萄糖为什么会有这种效果方面，各种研究报告的看法不同)。这就是为什么记忆力在饭后会提高。

……但是压力会干扰记忆力

压力也会释放另外一种作用比较缓慢的糖皮质激素。在糖皮质激素水平比较低时，例如在白天自然发生的糖皮质激素能够促进长时记忆。然而，在糖皮质激素水平较高时，例如由于压力所引起的糖皮质激素浓度升高，会对记忆产生抑制作用，而且会对神经细胞产生毒性作用。

一旦解决了糖皮质激素在神经细胞死亡方面的具体作用，就有希望研制出一种能够调节这些激素水平的药物，从而延缓衰老，尤其是记忆力的衰退。同时，听妈妈的话，不要压力太大。

研　究

海马区（大脑中参与某些记忆的重要部位）有两种类型的的糖皮质激素接收细胞。一种类型刺激提高的记忆功能会被较低水平的激素激活。一旦这些感受器饱和，较高水平的激素将激活另一种类型的接收细胞，对记忆有抑制作用。（想一下，如果没有发生这种情况，还有多少妇女想生第二个孩子啊!）第二种类型的细胞抑制记忆功能，有一种可能的方式，就是干扰葡萄糖的传输和吸收。

如果糖皮质激素保持在压力较大的水平长达几周，将会引起海马区神经细胞树突的萎缩（树突是向神经细胞的细胞体传输信号的树枝状结构）。但是，这种损伤是可以修复的。

但是，如果糖皮质激素的压力水平持续几个月，海马区神经细胞的损伤就不可能再修复了。在用老鼠做的实验中，这种损伤的结果非常像迅速衰老的结果。而且，动物越老，这种神经细胞就越容易受损。

自我测试：由情感激发的记忆的形成

你可以通过下面的实验来验证这样一个主张，即情感激发可以增强记忆的形成。在接下来的几页中你将看到两个故事，长度和复杂度相同，但它们所激发的情感强度不同。这个实验不需要花费很长时间，但你需要一些心甘情愿的参与者。

为了避免干扰，分别把两个故事讲给不同的人，而不要把两个故事都讲给同一个人或一群人。

事先不要告诉参与者要他们复述故事的细节内容。把故事的中性版本读给一位朋友，同时让他看着所附的插图。然后把这个故事的情感激发版本讲给另一位朋友，同时也让他看着所附的插图。

（下页继续）

中性版本

1. 一位老祖母和小孙子早上离开家。

2. 她要带他到公共汽车站，让他在那里坐上一辆公共汽车去看他在上班的妈妈。

3. 他的妈妈在郊区的一家大型化学研究实验室工作。

4. 他们走到公共汽车站。

5. 当祖母正在看公车时刻表时，一辆公共汽车驶进了车站。

6. 从公共汽车上下来了两位女士。

7. 其中一位女士同这个小男孩打招呼，并且拍了拍他的头。

8. 祖母问这位女士，这是否就是去化学研究实验室的车，那位女士回答说是。

9. 那位女士走了，祖母把小男孩放在了车上。

10. 这辆车把男孩带到了郊区。

11. 小男孩下车后发现自己到了一个有很多树和小鸟的漂亮的地方。

12. 公交车司机告诉小男孩，如果他想让妈妈来接他，他应该找一个公共电话亭打一个电话给她。

13. 他在公交车站附近找到了一个电话亭，给妈妈打了电话。

14. 妈妈把他接走，带他来到自己工作的地方。

（下页继续）

情感激发版本

1. 一位老祖母和小孙子早上离开家。

2. 她要带他到公共汽车站，让他在那里坐上一辆公共汽车去看他在上班的妈妈。

3. 他的妈妈在郊区的一家大型化学研究实验室工作。

4. 他们走到公共汽车站。

5. 当祖母正在看公车时刻表时，一辆公共汽车驶进了车站。

6. 从公共汽车上下来了两个男子。

7. 其中一个男士抓住这个小男孩，并且把他打晕。

8. 当祖母开始喊叫时，另一个男子开枪打死了她。

9. 两名男子带着小男孩跳上车开走了，留下祖母躺在人行道上，满身是血。

10. 他们把小男孩带到了自己的藏匿处。

11. 小男孩醒来的时候发现自己在黑暗的地下室里，里面有许多老鼠和蜘蛛网。

12. 其中一个绑匪对小男孩说，如果他不想受到伤害，他就必须打电话给妈妈，并且告诉她带10000美元来。

13. 他们递给小男孩一个电话，小男孩给妈妈打了电话。

14. 她支付了赎金，小男孩回到了妈妈身边。

（下页继续）

你过一个星期之后再问受试者有关这个故事的细节问题，并且问题须是开放性的。作为额外的检测，你可以提问下面的多项选择题：

为那些听中性版本故事的人准备的问题

第一题（参照第一幅插图）：这两个人是谁?

A. 妈妈和儿子　　B. 保姆和一个小男孩

C. 姑妈和外甥　　D. 祖母和孙子

第二题（参照第二幅插图）：一位女士在问另一位女士什么?

A. 公交车什么时候到　　B. 她是否认识这个小男孩的母亲

C. 这辆公交车从哪里来　　D. 这辆公交车要到哪里去

第三题（参考第三幅插图）：司机对小男孩说了什么?

A. 小男孩应该找个电话亭给他妈妈打个电话，妈妈会来接他

B. 小男孩忘记支付车费了

C. 他应该在那棵树附近等他妈妈

D. 希望他度过愉快的一天

为那些听情感激发版本故事的人准备的问题

第一题（参照第一幅插图）：这两个人是谁?

A. 妈妈和儿子　　B. 保姆和一个小男孩

C. 姑妈和外甥　　D. 祖母和孙子

第二题（参照第二幅插图）：为什么这名男子向这位女士开枪?

A. 因为她试图夺过小男孩　　B. 因为她开始叫喊

C. 因为他不想有目击者　　D. 因为她说要报警

第三题（参考第三幅插图）：这名男子对这个小男孩说什么?

A. 让小男孩不要叫喊　　B. 他再也见不到妈妈了

C. 要他给妈妈打电话拿赎金来　　D. 如果报警，他将会被杀掉

练习：纵横字谜

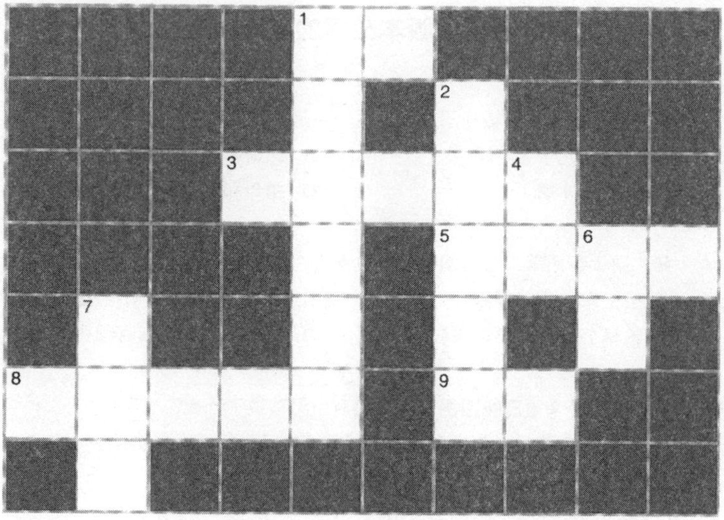

纵横字谜与纵横填字游戏类似，要使用字母表中的26个字母组词，但每个字母只能使用一次（如果你想加大这个练习的难度，那么就把下面的线索遮盖起来）。

在尽力完成答案之前，不要阅读本页底端倒着印刷的提示。然后用一张纸覆盖住网格和线索。写下你最容易记住的3个线索和答案。比起那些容易忘记的词语，这些词语是否对你更有情感意义?

横向

1. 电影等级
3. 马鞭
5. 炉
8. 下流的
9. 频率单位

纵向

1. 有勇气的
2. 大学里的一年级学生
4. 电视
6. 前任
7. 果酱

提示： 横向3 = quirt。你有没有把练习和线索都用一张纸覆盖上，然后写下你最先记起的3个线索和答案？

“噢，我忘了把钥匙放哪里了？”

我们都知道，记忆力衰退是与衰老密切相关的。虽然遗忘可以在一定程度上被阻止，但我们还是普遍认为老年人的记忆智慧不像儿童或年轻人那样敏锐。这种观点正确吗？

正确，也不正确。越来越多的证据表明，在许多情况下，记忆力衰退可能不仅仅是因为不可避免的由年龄引起的神经系统的变化，而且(至少部分地)还有心理抑郁的原因。抑郁似乎与老年痴呆症以及其他老年性精神病的高发生率有关，同时也与中风或心脏病发作后难于恢复有关。

当然，我们不应该低估心情与记忆力之间相互作用的复杂性。就像我们在前面讨论过的那样，记忆天才对他们周围的环境一般都感兴趣，因此他们随即会以一种对个人有意义的“精细”方式对新信息进行编码。这种积极参与这个世界的精神状态与心理抑郁的精神状态恰好相反。根据诊断手册上的说法，抑郁的标准症状包括冷淡和对常人喜欢的活动或爱好缺乏兴趣。

抑郁比年龄对记忆力的破坏更快

反过来，如果不参与具有挑战性的思维活动，就可能会导致抑郁。这就是为什么抑郁常常会随着人的退休接踵而至。

应该从中吸取的教训实际上很简单。既然快乐和头脑敏锐相比于遗忘和衰老是一对更忠实可靠的朋友，那么保持快乐的最好办法就是不管你愿意与否都要让自己保持精神振奋。当然，如果挑战你智力的事情正好是你喜爱做的事情，那就更棒了。而且，保持头脑敏锐的最好办法就是让自己身处心理学家所谓的“丰富环境”——挑战性的活动和有趣的熟人中，从而使你成为一个更加快乐的人。

自我测试：地理学

这里有新闻中经常提到的7个中东国家。如果从下面方框的任何一边到另一边画3条直线，而不碰到任何一个国家，那么它们的边境冲突就能够迅速得到解决。完成这3条直线后，每个国家必须完全被包括在自己的区域内。在地图下面的数字旁分别写出这7个国家的名字。然后把相应的数字写在那个国家地图旁边的圆圈内。

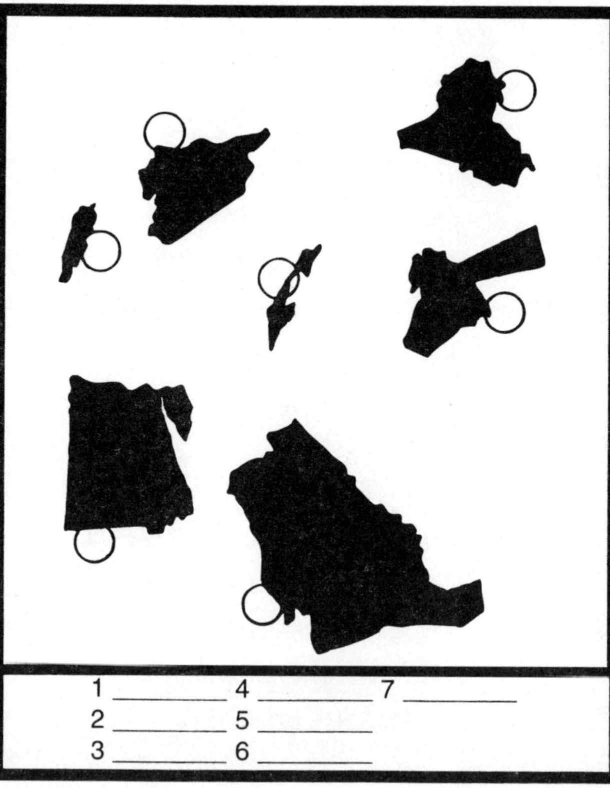

1 __________ 4 __________ 7 __________
2 __________ 5 __________
3 __________ 6 __________

评分标准：正确7个——优秀正确　5个——良好正确　4个——及格

提示：最左侧的那个小国家是黎巴嫩，中间的那个小国家是以色列；这两个国家都被一个不同的小三角形包围。你画的第一条直线应该把沙特阿拉伯和埃及分开，并且把叙利亚和伊拉克隔开。

富有挑战性的脑力活动能够阻止因年龄引起的认知能力衰退吗?

在一项针对大学教授的认知能力和衰老关系的研究中，年老的教授在反应时间和某些记忆力方面表现出惯有的衰退，但在学习和组织概念性知识方面根本没有表现出衰退。这说明，终生追求费神的智力活动可以阻止通常因年老而引起的在计划、组织和处理信息方面能力的减退。

加州大学伯克利分校的年轻教授(30～44岁)、中年教授(45～59岁)、老年教授(60～71岁)同时看了一篇散文，然后测试他们对散文内容的记忆程度。与普通人群中的老年人不同，老年教授记忆的信息量同年轻教授记忆得一样多。

工作记忆

在一项涉及信息联机监控的短时记忆测试中，老年教授没有受到“前摄抑制”(即前项学习任务的细节对学习后项类似任务的干扰)的影响，一般情况下，老年人在完成这种任务的时候将无关信息排除脑外的能力会明显降低。然而，老年教授们好像使用了一些策略来克服或防止了这种情况的发生。

自我测试：为什么证词不准确却不是谎言

把下面的一组词语读给一个朋友，然后让他复述他记住的每个单词：

bed, slumber, dream, drowsy, pillow, tired, nap, yawn, doze, snore

你的朋友有可能不仅记住了其中的某些单词，而且还错误地回忆起了一个你没有提到的单词：sleep。

在类似的实验中，正电子断层扫描显示，每回忆一个先前背诵过的单词时，大脑的听觉皮层就会被激活。但每回忆起一个错误的单词时，听觉皮层则不会被激活。

自我测试：文章回忆

请不要看以下的斜体字内容。可能的话，让一位朋友把其中一篇文章读给你。不要读得太快，但也不要有长时间的停顿。听完整篇文章以后，根据自己的记忆尽可能准确地复述这个故事。复述得越具体越好。包括所有的细节，而不仅仅是大概的轮廓或故事情节。在你复述故事的同时，你的朋友应该记录你复述的信息。复述结束后，根据下页底端的评分标准给自己打分。

如果你有一个计时器，你也可以独立完成这个自我测试。首先以正常的速度阅读一遍下面没有被分节的文章；阅读时间不要超过30秒钟。然后，根据自己的记忆写下这个故事，并且参考被分节的文章为自己打分。

吉米·约翰逊是一名来自西洛杉矶的径赛明星，一天正在贝弗利山买衣服。一个来自郊区的15岁的孩子在他前面5英尺处抢劫了一位70岁的老太太。吉米追逐这个抢劫犯追了5个街区，抓住了他，并且把10美元还给了老太太。老太太告诉他她需要这些钱给她的孙子举行成人礼。她给了他15美分表示酬谢。

神经细胞是神经系统的功能单元。他们把信号从身体的一个部位传递到另一个部位。神经细胞有相对较大的细胞体，还有两种被称为“突起”的部分：一种类型把信号传递给细胞体，叫树突；另一种类型把信号从细胞体携带走，叫轴突。轴突常常有分支，而且在每个分支的末端是突触小体，它通过释放一种叫神经传递素的化学物质把信号沿着突触传递到其他细胞。

（下页继续）

分节版本：

吉米·约翰逊 / 是一名来自 / 西洛杉矶的 / 径赛明星 /，一天正在 / 贝弗利山 / 买衣服 /。一个来自郊区的 / 15岁的孩子 / 在他前面 / 5英尺处 / 抢劫了 / 一位70岁的 / 老太太 /。吉米追逐这个抢劫犯 / 追了5个街区 /，抓住了他 /，并且还给了 / 老太太10美元 /。老太太告诉他 / 她需要这些钱 / 给她的孙子 / 举行成人礼 /。她给了他 / 15美分表示酬谢 /。

神经细胞 / 是神经系统的 / 功能单元 /。他们把信号 / 从身体的一个部位 / 传递到 / 另一个部位 /。神经细胞有相对较大的 / 细胞体 /，还有两种 / 被称为"突起"的部分 /：一种类型把信号传递给 / 细胞体 /，叫树突 /；另一种类型把信号 / 从细胞体 / 携带走 /，叫轴突 /。轴突常常有分支 /，而且在每个分支的末端 / 是突触小体 /，它通过释放 / 一种叫神经传递素的化学物质 / 把信号沿着突触 / 传递到其他细胞 /。

得分：如分节版本所示，每篇文章都被划分成了25个"信息"或重要细节（每包含一个信息的短语都用斜线分开）。要想获得高分就必须把这样的每个信息记住。如果你记住了25个信息，那么你的得分就是25/25，或100%。记住15个信息的得分是15/25，或60%。

评分标准（当文章被大声朗读给受试者）：对于第一篇文章，较年轻的受试者的的平均得分是15/25，或60%；较年老的受试者的平均得分是11/25，或44%。

第二篇文章的专业性较强，标准应该相应降低一些（但至少你可以学到一些有趣的东西）。

练习：个人配对

把下面的20件物品组成10个符合逻辑的对子。每张图片只能使用一次，不要遗漏任何图片。组合成的10个对子要具有很强的相似性。没有“正确”答案。这个练习需要你在配对时，在短时“工作”记忆中储存具体的形象，不能记录任何东西。在书后的“参考答案”中，我们给出了两个可能的配对方案。

为了增加乐趣，你可以与一位朋友共同做这个练习，看看你们的配对方式是否相同。每相同一对得2分，不相同得1分。每遗漏一张图片扣除1分。

完成这个练习之后，可以尝试第112~115页的配对练习。虽然你曾经做过那些练习，但你会惊讶地发现，如果不重新学习，前摄抑制会干扰你对那些面孔、单词或符号的正确配对。

随着年龄变老，大多数人都容易注意到自己“工作”记忆的问题

工作记忆是短时记忆系统的一种类型。大脑需要将信息保持足够长的时间以便对其进行“联机”监控或处理时会用到它。老年人的工作记忆能力常常会减弱，因为他们为了处理某件事情而临时获取的信息会干扰他们为了处理另一件事而试图放入工作记忆里的新信息。这个现象被称为“前摄抑制”——前项学习任务的细节对后项类似学习任务的干扰(见“遗忘的一个主要原因”，第77页)。

随着人们步入60岁，他们的短时“工作”记忆力通常开始衰退。例如，他们可能会把刚刚查到的电话号码与最近记住的另一个电话号码弄混淆。

一般情况下，老年人在完成下面的“配对联想学习”测试的时候将无关信息排除脑外的能力会明显降低(同样，许多老年人也注意到，当背景有他人在讲话时，他们很难将注意力集中到自己的谈话上)。

但是，大学的老年教授常常可以避免这种问题

最近一项以加州大学所有年龄段的教授为研究对象的研究结果显示，老教授似乎能够像年轻的教授一样，通过使用一定的策略克服或阻止前摄抑制的影响。这个结果表明，一直保持思维活跃的老年(本研究指60～71岁)人不会表现出“一般情况下”的思维能力下降。

几乎所有的诊断测试，无论认知能力测试还是其他类型的测试，都很容易揭示出其他一些现象，而不是仅仅显示测试所要达到的目的。下面测试的目的是揭示前摄抑制的影响。如果这些名字或面孔中的任何一个引发了你的情感反应，你的得分就有可能提高，因为这些信息可能被储存在了更永久的记忆中。

自我测试：前摄抑制(图像)

你需要一个计时器。你的任务是记住哪张女人的面孔与哪张男人的面孔在一起。在看下一页之前，先学习本页的6对面孔，每对面孔学习4秒钟（总计24秒钟）；然后阅读下面的说明。

接下来，看下页方框中的6张男人面孔。根据你对本页配对的记忆，将每张男人面孔与下面一个方框中的女人面孔搭配起来。用时不要超过1分钟（对于这种要求很短时间内完成的任务，请一位朋友帮助你计时，免得你不停地看表）。按照同样的时间限制，将这个任务重复做两遍。

（下页继续）

标准得分：

第一次尝试：老年受试者（60~71岁）2个正确，年轻受试者（18~23岁）3个正确

第二次尝试：老年受试者2个正确，年轻受试者4个正确

第三次尝试：老年受试者3个正确，年轻受试者5个正确

1 ____

2 ____

3 ____

4 ____

5 ____

6 ____

自我测试：前摄抑制（语言）

Wanda — Norman　*Lois — Lester*　*Colleen — Joe*　*Janice — Craig*
Phyllis — Stanley　*Rachel — Henry*　*Christine — David*　*Penny — Max*
Susan — Vince　*Karen — Mike*

学习上面的10对名字，每对名字学习4秒钟。你的任务是记住哪个名字与哪个名字匹配。用一个计时器把你的学习时间限制在40秒钟之内。然后用一张纸把上面的名单覆盖起来。接下来，看下面的10个女性名字。根据你对上面配对名单的记忆，将右栏的男性名字与左栏的女性名字搭配起来。用时不要超过1分钟。按照同样的时间限制，将这个过程重复两遍。把你的得分与下面的标准得分作比较。

Susan —	*Henry*
Janice —	*Norman*
Lois —	*Craig*
Wanda —	*Vince*
Karen —	*Stanley*
Christine —	*Mike*
Colleen —	*David*
Penny —	*Lester*
Phyllis —	*Joe*
Rachel —	*Max*

标准得分：

第一次尝试：老年受试者2~3个正确，年轻受试者6个正确

第二次尝试：老年受试者4~5个正确，年轻受试者8~9个正确

第三次尝试：老年受试者5个正确，年轻受试者9个正确

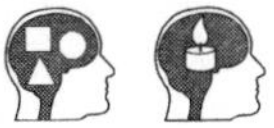

自我测试：前摄抑制（图形）

下面是两组分别由36个小方框所组成的网格，每个小方框中都有一个图案。有些图案不只在一个方框内出现。你的任务是迅速浏览第一组网格，将每个第一次出现的图案标记为一次。为了防止你回头看前面看过的一行，在你往下进行的时候用一张纸把上面看过的行遮盖起来。在你看完最后一个图案的时候，你应该对每种图案都标记了一次，而且只标记一次。你有1分钟时间来完成这个任务。

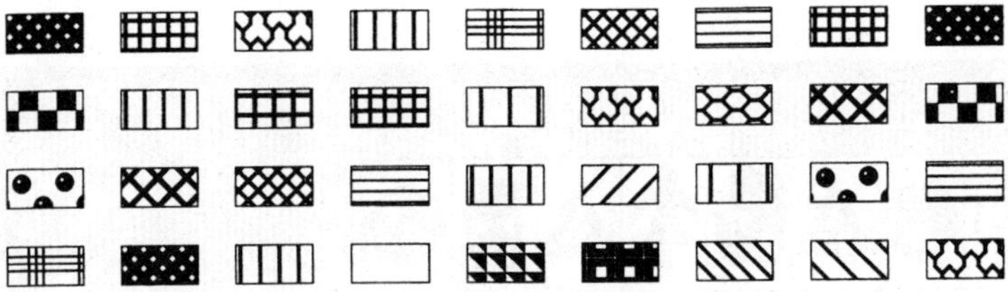

完成一次尝试之后，统计你的错误数，然后重复做下面的第二个网格。

对于这项任务，老年受试者第二次尝试一般比第一次尝试差。普通老年受试者在第二次尝试中错误数的增加是由于受到前摄抑制的影响——前任务对同种类型的后任务的干扰。一般说来，老年人更多出现这种现象，而且对于类似这样的任务他们比较难于过滤掉无用的信息。

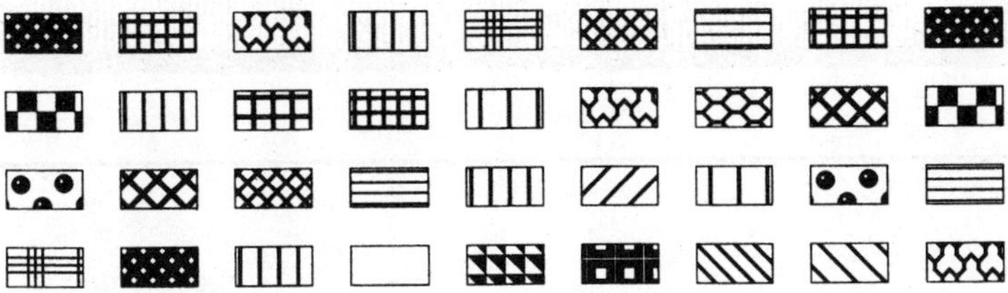

练习：心理游戏

这个练习需要两个人共同完成。它分两个层面进行。一个层面是要理解这个游戏的工作原理。这个游戏通过告诉一个人他正在想的一个标志，从而让他觉得你好像能够读懂他人的心思。让对方选择任意一个标志，并且只告诉你它出现在哪一行（1、2、3、4、5行）。例如，如果她告诉你，“它出现在2、4、5行”，那么你就集中注意力看一会儿这个图表，然后带着一种充满神秘和智慧的神色说，“你选择的是圆圈里有颗星的标志。”另一个层面，这个练习测试的能力是在工作记忆中保持行的编号足够长时间以便得出正确的答案。本页底端的“提示”向你暗示了这个游戏的工作原理。

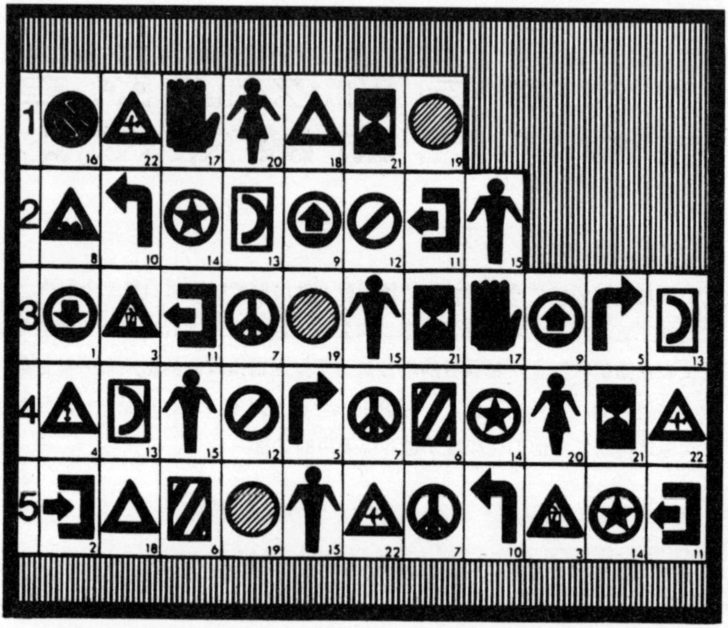

提示：你注意到每个标志内的小数字了吗？最靠近每行大数字编码的小数字最为重要。

短时记忆力减弱的现象在一些针对年长者的测试中显露出来

大脑能够产生一种叫乙酰胆碱的化学物质，在细胞间传递有关回忆和决策的信息。如果经常从事高难度问题的解决，这种神经传递素类化学物质在大脑中的水平就会升高。这至少在部分上解释了这样一个事实，即随着年龄的增加，某些老年人并没有像其他老年人那样大量地丧失这些能力。神经心理学家使用第118～119页上这个练习的变形来测量这些变化。

寻找最佳策略的能力也在改变

在利用后面几页的练习来研究年龄与问题解决策略之间的相关性实验中，老年人(60岁以上)在选用最佳策略方面不如年轻人(14～35岁)。而且，在一群被分为老年组和年轻组的64位参与者当中，只有老年组的成员曾经使用过最差策略。

一个类似年龄与记忆关系研究的自我测试

你需要一个同伴来共同完成这个练习。第119页上的两个额外的网格可以让你试验不同的策略。然而，你可以把这些网格复印下来，从而能够与这同一个玩伴或其他玩伴玩这个智力游戏。然后你就能够明白“测试者”头脑中目标方格的差异。

这个游戏在某些方面类似一种叫“战舰”的游戏。对于每个网格，“测试者”必须选择一个小方格，而不告诉“被测者”他所选择的方格(数字和字母已经写在了网格的旁边，以便于参照和辨别)。被测者的任务是通过问一系列用“是”或“不是”回答的问题来寻找被选择的方格。问的问题越少，得分就越高。

解决这类问题基本上有3种可能的策略

最简单但效率最低的策略是一个格子一个格子地问，“这个格子正确吗？”对于很小的网格来说，这个策略不算太差，但是对于较大的网格来说，效率立即就变得低得无望了。例如，对于一个2×2的网格，你不出3个问题总能得到正确答案，但是对于一个8×8的网格，你可能需要问63个问题；对于一个100×100的网格，你可能需要问9999个问题才能碰到被选中的方格。

当然，用这种效率最低的策略，你幸运的话也有可能第一个问题就碰到正确答案。对于特别大的网格来说，这无异于彩票中奖的机率。如果使用最佳策略，你无论如何也不可能用一个问题得到正确答案。但平均来说，对于一个2×2或更大的网格，你用最佳策略将会好得多。下面有“提示”。书后的“参考答案”部分对最佳策略作了说明。

自我测试：策略

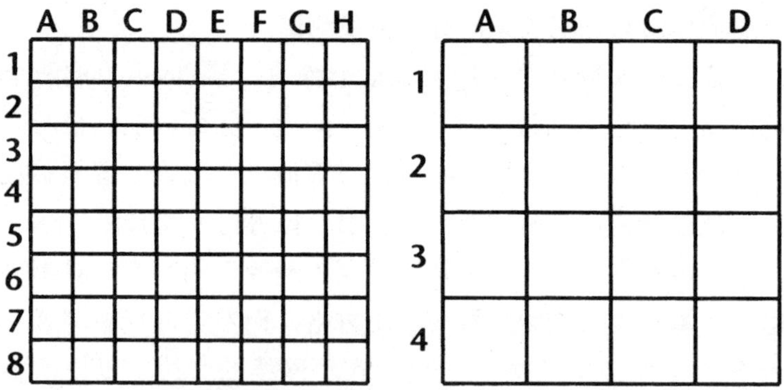

提示：一种相对比较高效的策略是一行一行地进行询问，一旦找到正确的一行后，再一格一格地询问，直到获得正确答案。对于2×2的小网格来说，这个策略和其他策略的效率是一样的(最多问题数 = 2)，然而对于8×8的较大网格来说，最多可能需要询问的问题数是14。对于一个100×100的网格来说，你可能最多需要问198个问题。

练习：排除可能性

这里有3箱水果。其中一箱装的是12个香蕉，一箱装的是12个柠檬，第三箱装的是6个香蕉和6个柠檬。但是3个箱子的盖子全部被调换了。现在假如你可以选择一个箱子。闭上眼睛，打开箱子，只拿出来你接触到的第一个水果。不要在箱子里到处摸。盖上盖子。当你看到你拿出的水果后，你能否说出每个箱子里装的水果是什么？

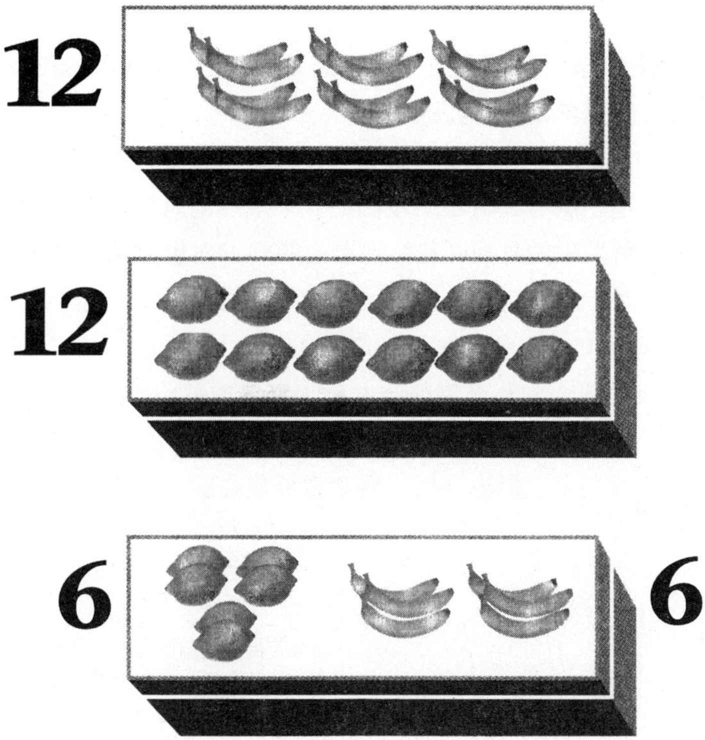

提示：从盖子给你信息最多的那个箱子开始。

老年痴呆症患者的新希望

在一位首席研究员所称的“目前为止对老年痴呆症最有希望的疗法”中，新的证据表明，补充雌激素可以预防甚至改变妇女中最常见的老年性精神病。这个结论得到了一项人群研究的支持。这项研究显示，接受过雌激素替代疗法的女性患老年痴呆症和其他老年性精神病的几率较低，而且那些老年痴呆症患者接受雌激素疗法后症状也有所减轻。另外，动物研究也显示，雌激素能够刺激受到老年痴呆症影响的大脑区域中的神经细胞的生长。

从20世纪40年代开始，成千上万的妇女就已经使用雌激素替代疗法来消除更年期的一些症状

在20世纪50年代，女性就相当普遍服用雌激素来治疗一些如潮热和阴道干燥等相对不严重的症状。最近的研究表明，ERT在预防绝经后发生的骨质疏松症以及心脏病方面也非常有效。

最近数十年，医学界对于这种治疗的看法时常摇摆不定。在20世纪70年代，当初的研究热情开始减弱，主要原因是一项研究表明，服用刺激素补充物的妇女患子宫癌的危险性要高出5～15倍。这导致在使用雌激素的同时也使用孕激素，这样就可以降低患子宫癌的几率，但也降低了雌激素抵抗心脏病的能力。

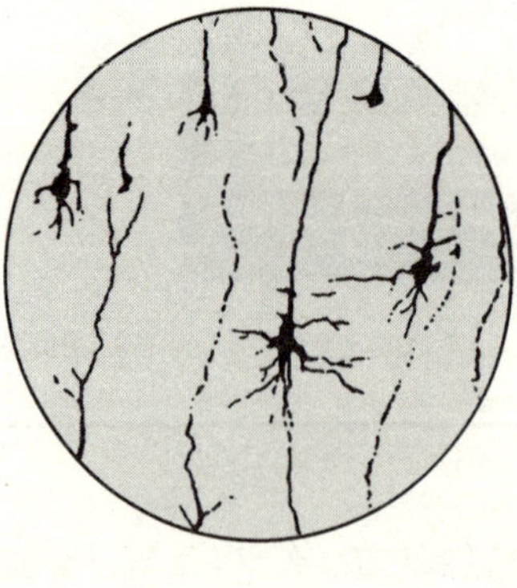

比较本页的脑细胞图与下页的脑细胞图之间的异同。其中的差别不是细胞的数目（都是7个），而是树突的数目和长度。伸向其他细胞的树突越多，它们快速回忆信息或解决问题的能力就越强。

这张图片显示的是处于健康活跃状态的脑细胞。成年人的大脑拥有数亿个这样的脑细胞，而且每个细胞都与其他细胞有上千次联系。雌激素能够促使脑细胞增加这些联系。另外，忙碌的大脑与懒惰的大脑相比，能够生长出更多的树突。

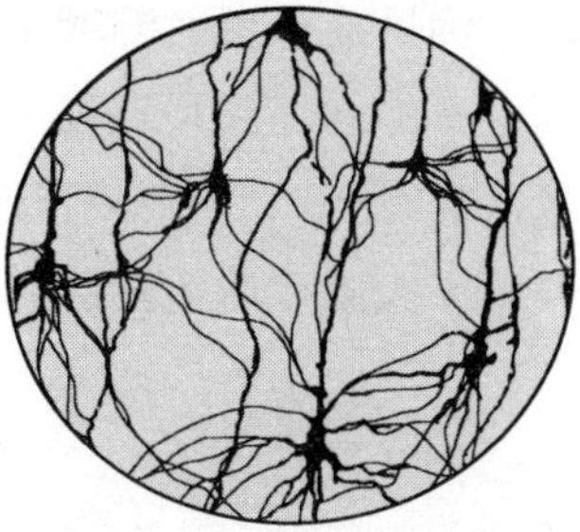

还有一个有待回答的问题是，雌激素在抵御老年痴呆症方面的好处是否能够胜过潜在的致癌危险

关于这点现在还不能够确定。孕激素虽然能够通过抑制子宫和乳房中细胞生长所产生的刺激，从而降低雌激素所带来的致癌危险，但也可能抑制雌激素刺激大脑中神经细胞生长的能力。在啮齿类动物中，雌激素水平的升高会伴随着大脑中突触密度和神经树突的增加，但是孕激素水平的升高会伴随着突触和树突的减少。

最近的一项研究显示，常见的雌激素替代药物中有一种化学成分可以促进脑细胞生长，但不会促使癌细胞生长

这项新研究最鼓舞人心的一个方面是从最常用的雌激素替代药物中分离出一种成分的前景。这种成分在刺激脑细胞生长方面有特别的效果，但不会刺激乳房和子宫细胞的生长。这个研究领域的成功将会解决在使用雌激素替代疗法的同时必需使用孕激素补充物的问题。已经有研究报告称，这种激素分子的分离可能为时不远了。

另外一个仍然有待回答的问题是，雌激素替代疗法对那些携带有ApoE4“老年痴呆症基因”的妇女是否有效。如果雌激素能够有效预防这类高危人群患痴呆症，那么至少对于这类人群来说，雌激素的好处无疑是要胜过其危险。

老年痴呆症患者大脑哪个部位的神经细胞首先开始退化

不能回忆起最近发生的事情是大脑功能逐渐退化的第一个症状，同时还伴随有一种淀粉状蛋白“斑”的增加。这个症状首先开始于大脑皮层内沿颞叶内侧，尤其是在海马区。然后扩散到其他回路，包括使患者不能够记起很久以前发生的事情。

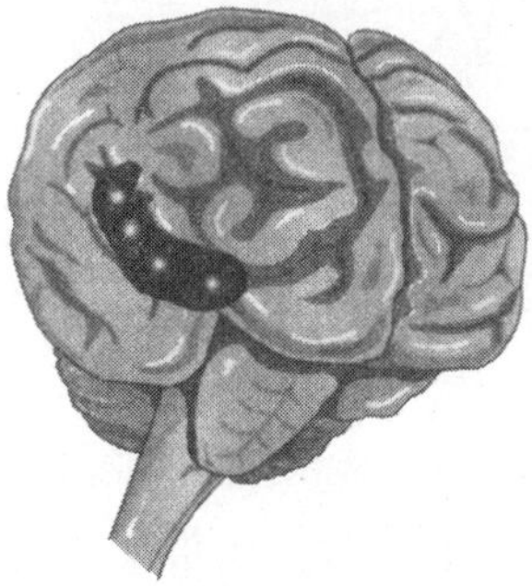

一种淀粉状蛋白“斑”的增加（主要发生在海马区）伴随着对最近发生之事记忆力的丧失。

他们逐渐叫不出常见物体的名称，然后开始认不出熟悉的人和地方，甚至不知道像咖啡杯这样的东西是做什么用的。那些一直到老仍然保持积极思维的女性很少发生这种现象。但是，“早老性痴呆症”（通常在50几岁就患痴呆）一般是由于遗传所致，因此不能够通过让他们保持活跃的思维来减轻或延缓病症。

练习：找出单个物体

下页中练习的目的是拓展你的短时记忆能力。几乎所有的物体都出现两次。有趣的是这个“几乎”。你应该在4分钟之内找出来那些只出现过一次的物品。

只能在大脑里记忆这些图案，不能在图案上做标记，也不能做记录。找到答案后你可以写下单个物体的名称，然后再对照底端的提示或书后的参考答案检查自己的答案。开始前准备好一个时钟，并给自己限定4分钟。

提示：寻找温血动物和最好吃的茶。

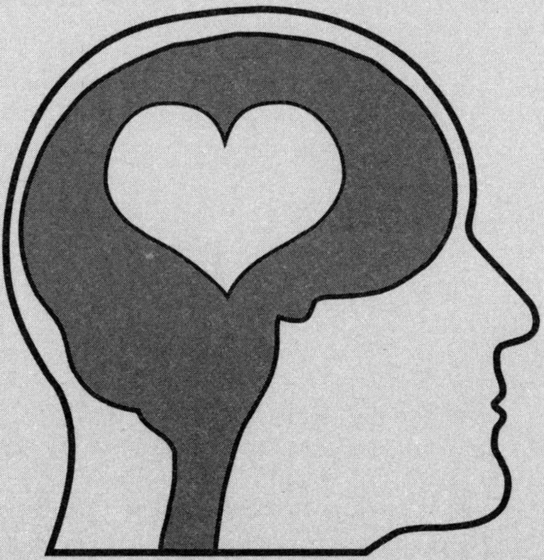

情 感

情　感

神经科学正在揭开我们的情感功能在大脑里所处的位置，同时也正在揭开把情感与“智力”功能联系在一起的神经通道。情感与认知、脑细胞健康状况的维护和身体的免疫系统是紧密相连的。

根据我们都熟悉的传统观点，我们的大脑和情感是两个截然不同的东西，甚至常常相互竞争。虽然我们可能不再赞成古代西方关于情绪和性格源于身体器官中的液体的说法，但是我们仍然相信民间关于“爱在心中”的说法。可能部分也是对这个传统的延续，所以现代神经科学过多地关注大脑在认知过程例如记忆中的作用，而没有太多地研究情感。

这一切正在发生改变。现在我们知道，取决于大脑自身结构的情感在记忆形成方面起着极其重要的作用。大脑中有一条把情感中心和记忆中心直接相连的神经通道。储存着“更高级”、更复杂意识能力的大脑皮层也可能参与对威胁性刺激的解释或评价，但这种行为只发生在有情感意义的经历已经被烙印在记忆深处之后。事实上，情感记忆是很难磨灭的，但是某些特别的创伤性情感记忆可能会被忘却，只有在若干年后面对某种压力的情况下才可能恢复。

情绪和气质会随着神经传递素(负责在脑细胞之间传递信息的化学物质)水平的变化而发生波动。在过去10年间，有一项对哲学提出严峻挑战的医学实验，这个实验的中心内容是通过药物来控制大脑中五羟色胺和去甲肾上腺素等神经传递素的水平，从而控制情绪。这在人类历史上是第一次，改变情感面貌以及在更真实意义上改变人格，似乎像吃一片阿司匹林那样安全和容易。

我们正在以更快的速度了解更多关于情感与健康之间的复杂关系，其中包括情感与免疫系统功能之间的关系。抑郁和心脏病与免疫能力降低有关，而大笑能够提升T细胞数量。最近令人兴奋的一个发现是，由于皮质醇激素的释放而造成的压力可以破坏脑细胞，从而可能导致老年痴呆症。我们对此了解得越多，我们就越有可能控制我们的压力反应，抵御由压力所引起的认知缺陷，保持身体和精神的健康。

这里有一个小窍门，你可以通过身体运动改变情感。你面部肌肉的排列方式和身体姿态能够改变你的心情。如果你不相信，下次当你感到忧郁时，站起身来，昂首挺胸，一蹦一跳地走，使面部肌肉处于笑的状态，睁大眼睛。这样你将感觉好受些。反过来也是一样。但是，如果能够发明一种如此有效改变情绪的药物，那么在没有医生处方的情况下私自销售这种药，将会是非法的。

控制情绪的简单方法

如果一个人对自己情感状态的控制能够像梳头或伸舌头那样轻松自如，那么你对这个人会有什么样的看法？你很可能认为，这个人拥有一种特殊的天赋或非凡的能力，只有通过数年的练习或训练才能够获得。控制情感的方法其实比你想象的要简单得多。事实上，它一直在你手边，只是你从来没有注意到罢了。

你对情感的控制力比你想象的要大得多

我们常常认为情感是“发生”在我们身上的事情，它独立于我们而存在，不管我们喜欢或者不喜欢，它都会从我们内心升起(有时从我们内部出来)，或者从外部出现，使我们完全被动地参与一件事。想想我们是如何谈论情感的：我们“怒不可遏”“被吓瘫掉了”“内心一片混乱”“满怀欣喜”。加州大学的一个研究员在过去的几年中收集了大量证据来反驳以上观点。他指出，只要有意识地控制面部肌肉，就能够积极地产生你想要的任何情感——愤怒、恐惧、厌恶、悲伤、纯粹的快乐等。

你可以通过改变面部表情来改变心情

保罗·埃克曼联合加州大学旧金山分校、伯克利分校以及威斯康辛大学麦迪逊分校等心理学系和精神病学系的同事们进行了一系列实验。实验结果显示，当受试者根据他的指示调整面部肌肉时，会表现出很多或全部与情感相关的心理变化，如心率加快、指温升高等。这些情感与那些面部表情有关。脑电图测量结果显示，调节与快乐情感有关的面部肌肉可以导致大脑左前部处于活跃状态，而这种活跃状态是与自发的快乐情感相关的。而且对于所有的表情，受试者报告了他们情感上的主观感受，这与他们的表情所体现的情感是一致的。

面部表情与情感有生物学联系

这一结果与埃克曼独立研究所发现的关于情感与面部表情所具有的普遍性非常吻合。通过实地考察尚未使用文字的、孤立的新几内亚文明，埃克曼发现，这个文明中的人将情感描述与面部表情的图片搭配起来的方式与西方人的搭配方式完全一致。

这一证据表明，某些面部肌肉运动和自主运动神经活动(心率、皮肤传导性等)以及大脑活动之间存在着一种固定不变的、内在的联系。这个发现本身是有争议的，但并不令人感到惊讶。在运用这个发现控制我们的生活质量方面，它有更令人惊讶之处，即这种联系能够由面部表情影响感情，这就与我们通常认为的面部表情只是情感信号大相径庭。

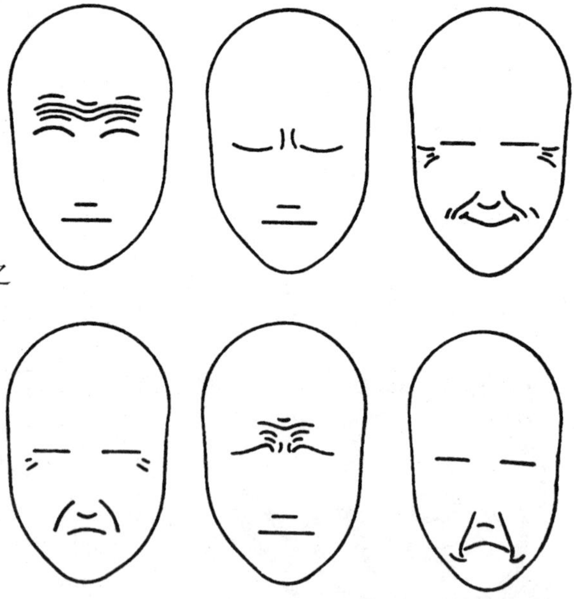

杂念如何破坏情绪控制

几乎所有的人都能在一定程度上控制自己的情绪。典型的常用策略包括回忆过去经历过的快乐或悲伤之事(演员经常为了在适当的时机哭泣而这样做)，有选择地对好或不好的想法给予注意(故意将注意力仅仅集中在好或不好的想法或事件上)，以及参与想要体验的活动中去。

所有这些策略都可能会因为与其相抵触的认知任务、压力或时间紧迫而失去效力。下文所述的心理控制“反期望进程”理论将告诉我们产生这种现象的原因。

无意识帮助确定你的情绪

成功的心理控制需要通过两个进程的协作而完成。其中一个进程是有目的地寻找那些能够达到心理状态的想法和刺激物。另一个意识程度较低且比较自动的“反期望”进程则监控那些没有达到期望状态而出现的心理信号。如果这个进程所期望的状态没有达到，那么有意识的进程就会进行新的努力。这个反期望进程就像是有意识进程的影子：不太容易被注意，不能被直接操控，但始终在那里。

如果有其他任务干扰

杂念会使为达到预期状态而付出的有意识的、努力的尝试偏离正常轨道。心理控制中的有意识尝试很容易被其他有意识的活动干扰。然而，无意识的反期望进程还是会继续进行，监控未达到预期状态的心理状态。这样，反期望进程可能就会促进未被期望的内容进入意识之中。这个影子有自己的生命力，其结果恰恰与我们想实现的状态相反。

自我测试：情绪控制

这个测试对“反期望”效果作了简要说明：压制一种想法的尝试，可能会使那个想法更容易接近。

思考一会儿House这个单词。在做下面练习的时候，你要设法忘记这个单词。

请按照前两项的做法，给下列每个单词提供一个相关的单词。做题速度要快，每个单词不要超过2秒钟。

envelope — letter
gift — present
flower — ______
collie — ______
oil — ______
clock — ______
needle — ______
curtain — ______
bottle — ______
street — ______
shop — ______
home — ______

接下来，思考Hop这个单词。这次你要牢牢记住这个单词，而不是把它忘掉。

请按照前两项的做法，给下列每个单词提供一个相关的单词。做题速度要快，每个单词不要超过2秒钟。

hamburger — bun
litter — trash
monkey — ______
bath — ______
pan — ______
wash — ______
door — ______
grass — ______
faucet — ______
honk — ______
string — ______
jump — ______

在第一组单词中，很多人都可能把house作为home的相关词；在第二组单词中，很少人把hop作为jump的相关词，虽然他们设法要压制house，也设法集中注意力要记住hop。

自我测试：情绪控制中的反期望进程

第一步

首先，在你的记忆中搜索过去发生的一件特别令人伤心的事情。无论花费多长时间，你都要回想出这样的一件事。回想起这样一件事之后，继续阅读下面的一段文字。

尽量生动地回想这件事的细节——但不要真的让你自己感到伤心。回想它当时发生时的情景。尽可能多地回忆事件的细节。还有谁参与到了这件事？有什么物体在场？你听到了什么声音？努力在大脑中重新创造这件悲伤的事，包括那时你的所有想法，但不要让自己真的感到伤心。

第二步

这里有一个你必须记住的7位数：7834562。无论你做其他什么事情，你都必须记住这个数；无论花费多长时间，你都必须记住它。到达最后一步时，你必须证明你仍然记得这个数。这样，这个练习的结果才有意义，而且你不能回头看这个数。如果你自信自己不会忘记这个数，那么继续进行下一步。

第三步

接下来，再回想你在第一步思考的那件悲伤的事情。同样，回想的时候不要让自己真的感到伤心。而且不要忘记那个数字！

第四步

接下来，花费几分钟时间写下你的心中所想。你喜欢从哪个想法开始就从哪个想法开始，然后记录进入你大脑的一切想法、感觉、幻觉、思想和记忆。不要顾虑句子结构和语法——这其实是一个意识流报告。在你写的时候，一定不要忘记那个7位数。大约7分钟后，继续进行下一步。

（下页继续）

第五步

最后，看一眼下面的一组形容词。根据下面的形容词为自己现在的心情打分。分数分为7个等级，7分为最高/最强，1分为最低/最弱。

快乐
紧张
沮丧
忧虑
平静
启发
难受
冷静
郁闷
兴奋

第六步

不要回头看你记住的那个数字，把它写下来：________

结果:

第二步中记忆数字的任务通常会使你更难控制你想要的情绪——它会干扰你压制悲伤情绪的努力。也就是说，如果没有第二步的记忆任务，你在第五步中根据10个形容词进行自我评价的结果将会显示出更悲伤的情绪。你可以找个时间在去除记忆数字的情况下再进行一次这样的测试。

幻想对你有好处

人们一般认为，准确的自我感觉对于心理健康是非常重要的。根据这个观点，“普通”人对于他们是谁、能够做什么以及未来将发生什么都有很现实的认识。与此相反，缺乏这种平衡认识的人的心理可能不健康，甚至在极端情况下会患有精神病。

但事实表明，后一种可能是正确的。似乎最健康、最快乐的人对自己的良好品质、控制偶发事件的能力以及对未来的命运有着积极但不切实际的幻想。现实的人却常常容易产生一定程度的抑郁。

你认为自己比他人更快乐、更健康、更幸运、更高尚、更有能力吗?

抑郁水平低的人往往会夸大自己的正面品质。他们认为自己比他人的道德感更强烈、更具有创造力和想象力、更聪明。从个人的角度讲，这种自我评价可能真实也可能不真实。但当80%的司机都认为自己比其他大多数司机都出色的时候，这种说法就没有意义了：80%并不比51%好到哪里去。其他那些不认为自己的驾驶技术比一般水平强的人是比较实际的人，但他们往往患有一定程度的抑郁。

你认为自己的优点独一无二，而缺点司空见惯吗?

擅长自我调节的人最初常常不太关注自己的缺点。但如果被迫承认自己的缺点，他们会认为这些缺点不重要而无视它们。他们常常会说："每个人都是这样子的。"然而，他们把自己的优点——能力、才智、道德品质——看作是罕有的、与众不同的。抑郁类型的人则常常对自己和对他人的看法都差不多，更公平。

你认为自己的未来会更好吗？

大多数人都认为自己是面向未来而非沉迷于过去的，而且多数人都认为自己的未来将会更好。我们确实无法事先知道这样的信念是否正确，也无法知道它是否真实。但是有些事情清楚地告诉我们这样一个事实，即我们大多数人并不面对现实。

为什么人寿保险那么难销售？因为大多数人对于自己的生命都有一种慰藉人心的幻觉。很少有人认为他们将会遭遇一场严重的车祸或成为暴力犯罪的受害者，购买保险的人数要远远少于实际统计的遇难数字。如果对危险有正确的认识，为什么那些快乐、聪明的人要沉迷于威胁生命的活动呢，例如吸烟或以每小时80英里的速度飙车？快乐和乐观的人并不现实——他们认为患上肺癌或死于车祸的会是他人而不会是自己。

有轻微抑郁或自尊心不强的人对自己前途的看法常常与统计的实际情况基本一致，而且他们对于自己的未来更加审慎，分析得更多。谨慎的现实主义者常常被指责为悲观主义者，这是对普遍存在的超现实乐观主义的生动反讽。事实上，现实是令人郁闷的，一味地以现实的态度看待未来甚至被认为是社会无法接受的。如果一个政治家说未来可能不比现在好，那么他将会遇到大麻烦。

你是否沉溺于神秘的想象？

如果你对自己控制周围事和人的能力持有一种夸大其实的看法，这就表明你的心理健康状况良好。"普通"人大多时候都有这种想法。在一些纯靠运气的游戏中，我们经常想象我们能够在一定程度上影响游戏的结果，尽管我们并不能——例如，我们想要小数字时就轻轻地投掷骰子，想要大数字时就用力投掷。

许多人根据对个人有意义的数字选择彩票，比如生日、周年纪念等，而不是随机购买。从理性的角度讲，这是毫无意义的。首先，对于随机抽奖的彩票来说，对于个人有意义的数字序列是绝对不可能有更高的中奖率的。其次，随机购买的彩票虽然没有更大的中奖机会，但是如果中奖就可能中大奖：因为以某些日期为根据的数字(1～31)很有可能被采取同样方法的人买到，因此就得与他人共同分得奖金。我们可以通过人们是选择理性的方法还是非理性的“神秘”方法这个事实来判断他们是否患有轻度抑郁症。另外，即使你购买彩票的中奖率要小于在自家后院发现宝藏的机会，但你仍要购买彩票这一事实可能就表现了一种健康的气质。

幻想不仅有安慰作用，还能够提高工作效率

人们喜欢有幻想。商业世界早就认识到了这一点：如果事先告诉员工即将发生的事情，并让他们参与到决策的过程中去——尽管他们并没有改变最终结果的真正权力，但他们不太可能反对。

但是其中的意义远远不止如此。不切实际的、正面的自我形象和对控制事件能力的夸大可能会被认为是一种自我中心意识。记忆就是在自我中心的基础上组织起来的：一件事对于个人的意义越大，或者与个人的相关度越高，就越容易被记住。因此，正面的自我幻想对于记忆可能有好处。

更重要的是，正面的幻想可以反馈到工作表现中。一个人如果有较高的不切实际的自我意识、较高的对个人控制能力的信念以及对未来充满乐观精神，那么这个人常常会有更多的动力和毅力，也可能会因此而表现得更好。

自我测试：幻想评估表

本测试的目的是评估你的自我幻想的程度和类型。如前文所述，你的自尊心程度越强，你就越不可能患抑郁症，当然这个程度是有上限的。完全对现实持不现实的观点是疯子的本质，如果你在这个测试中的得分是20，你的朋友们将会毫不犹豫地对你指出这点来。

在这个测试的结尾是评分量表，把自己每题的得分相加后得到总分，然后再对照这个量表评估自己的幻想程度和类型。

1. 你是否认为自己比他人更诚实?

   A. 是的，非常（2分）

   B. 可能有一点吧（1分）

   C. 不（0分）

2. 你和一个朋友各随机买了一张彩票。你系鞋带的时候要他拿一下彩票，而后你发现彩票被弄混乱了：你拿到的彩票和你最初的那张不一样。这件事让你感到心烦吗?

   A. 是的，非常（2分）

   B. 可能有一点吧（1分）

   C. 不，没有什么（0分）

3. 在你所有的才干和能力中，你认为哪一种最好或最重要? ________

4. 你认为在这个国家还有百分之多少的其他人有你这方面的能力水平?

   A. 0~30%（2分）

   B. 30~70%（1分）

   C. 70~100%（0分）

5. 你认为你的驾车技术比其他人高吗?

   A. 毫无疑问（2分）

   B. 比一般人高，但并不是十分明显（1分）

   C. 不（0分）

（下页继续）

6. 你认为自己的成功主要是因为自己的努力而不仅仅是机遇造就的吗?
   A. 非常（2分）
   B. 有一点（1分）
   C. 不（0分）

7. 在你所有的缺点中，你认为哪一个是最差或最严重的? ________

8. 你认为在这个国家还有百分之多少的其他人有这样的缺点?
   A. 70~100%（2分）
   B. 30~70%（1分）
   C. 0~30%（0分）

9. 你认为自己比他人更真诚吗?
   A. 非常（2分）
   B. 有一点（1分）
   C. 不（0分）

10. 你认为下面的话有多正确?
    多数人都是自私自利的，但我努力帮助他人而不是伤害他们。
    A. 非常正确（2分）
    B. 有几分正确（1分）
    C. 不正确（0分）

11. 你认为善有善报，恶有恶报吗?
    A. 没错（2分）
    B. 一定程度上（1分）
    C. 不（0分）

12. 你认为出车祸的人都是驾驶技术差吗?
    A. 几乎总是这样（2分）
    B. 只是偶尔这样（1分）
    C. 不，这完全是随机的（0分）

（下页继续）

评分：

合计你的得分。

15~20分 =

你很可能有非常强的令你快乐的幻想。

8~14分 =

你有中等程度的令你快乐的幻想。

0~7分 =

你是一个审慎的现实主义者，而且非常可能会有轻度的抑郁。

大脑如何识别恐惧

有证据表明，一个被称为杏仁核（与杏仁的大小和形状差不多，深深地埋藏在颞叶里面）的大脑结构，有一个高度专一的功能，就是通过人的面部表情来理解情感。

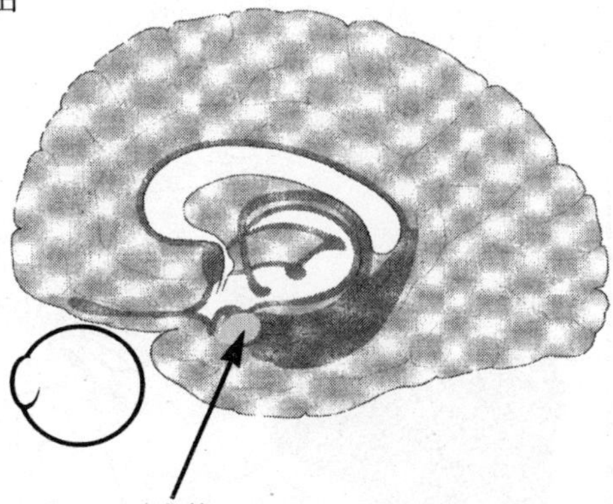

如果一个人的杏仁核由于疾病或因对癫痫症进行介入性治疗而造成损伤，那么这个人就会丧失从他人脸上辨别恐惧的能力，且无法将面部表情的图片与情感的名称搭配起来，或者与其他表现同样情感的面孔搭配起来。识别他人眼神方向的能力似乎也会受到影响。然而，这些病人在辨认熟人面孔方面没有任何困难。

以前也有实验证据证明杏仁核在社会交流方面的功能，新研究确证了之前的实验结果。20世纪50年代，以猫为研究对象的实验监测了猫与同伴或与人类互动时杏仁核里的神经细胞。猫在叫唤和抓挠时，杏仁核的神经细胞会产生冲动，但是当互动停止时，神经细胞就不再产生冲动。20世纪70年代也有实验表明，杏仁核在猴子的社会行为的许多方面都发挥作用，包括辨认其他猴子眼神的方向。

人们推测，杏仁核的器官损伤可以解释某些精神疾病，包括那些与妄想狂有关的精神疾病：如果你不能通过辨别面部表情来判断一个人的情感，那么对于他们意图的妄想就会接踵而至。

练习：玛莎和乔治·华盛顿

多数情感反应都起始于一个看法。请判断下面图画中人物的情感。

将本页倒置。现在发生了什么？隐藏的表情以及辨认这些表情的敏锐的目光，此刻都在你这位旁观者的眼中显现了出来。

对吗？

自我测试：面部表情与情感

有充分的证据表明，无论在哪种文化中，6种基本情感与面部表情存在着普遍的联系。这些情感是高兴、悲伤、愤怒、恐惧、惊讶和厌恶。虽然还有建立在特定文化或语言基础上的更细分的情感（例如，德语中的Schadenfreude [幸灾乐祸]是“建立在他人不幸基础上的快乐情感”），但这6种基本情感无论在哪种文化中都能够从面部表情辨别出来。

把表达这6种情感的词语与下面的6张面孔搭配起来：

悲伤	厌恶	愤怒
惊讶	恐惧	高兴

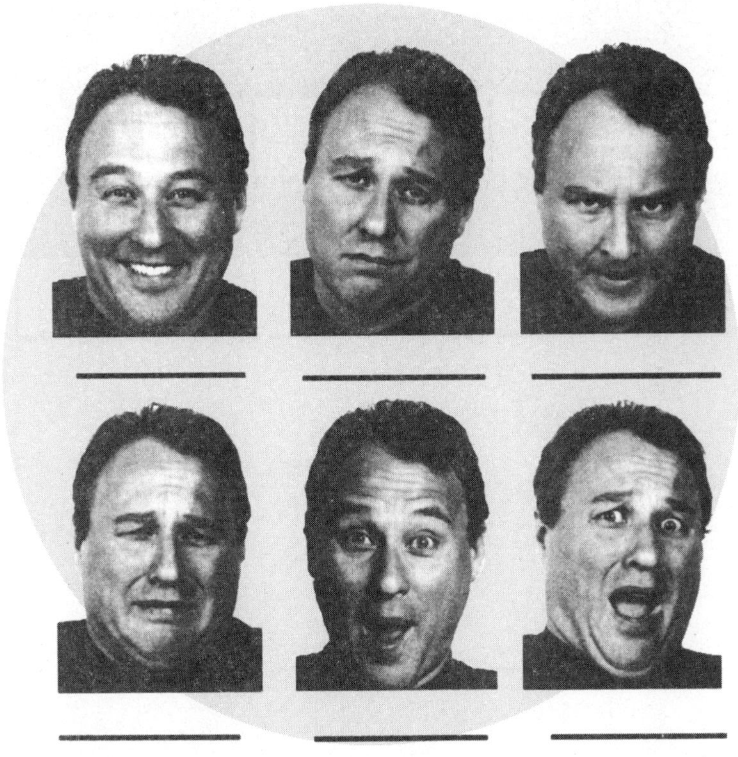

练习：情感

横向

1. 杏仁核
3. 厌恶
5. 恐惧
6. 惊讶
7. 高兴

纵向

2. 愤怒
4. 悲伤

提示： 横向1 = amygdala

“看两部幽默电影，明天早上叫我”

科学研究终于赶上了我们自始至终明白的道理：笑对身体有益。或者，如《箴言》第17章第22节所说的那样：“喜乐的心乃是良药。”

笑可以改善你的血液循环，锻炼你的腹肌，加快你的心率，驱除肺部郁积的气体，帮助消化，放松肌肉的紧张度。经过一阵大笑后，你的血压会下降到一个较低的健康水平。根据笑研究专家威廉·F. 弗赖依的研究结果，100次笑对心血管的好处相当于划10分钟船。

为什么笑比鸡汤还补身体

从事精神神经免疫学(研究精神状况对免疫功能的影响)的人认为笑对免疫系统有好处。紧张的情感会引发皮质醇和醛甾酮的释放，它们通过减少你的T细胞数量而降低你的免疫能力。而笑的作用正好相反，笑可以激活抗病毒的杀伤细胞和伽马干扰素，降低与压力有关的神经传递素肾上腺素的水平，增加你的免疫球蛋白，促进具有自然镇痛作用的神经肽的产生，例如内啡肽。这就是发自内心的笑的力量！

笑是怎样发生的?

心理学家彼得·德克斯利用脑电图读数结果使我们更加了解笑的神经学基础。当你听到一个笑话时，位于你大脑左半球的语言中心开始对词语进行处理。在千分之一秒内，位于额叶的“情感”区域参与进来。紧接着，右脑负责寻找笑话可笑之处的区域也参与进来(丧失这个功能的中风患者无法理解一个笑话或故事的要点，或者是在不该笑的时候发笑)。千分之一秒后，大脑负责处理感觉的枕叶区域参与进来。最

后，在很短的时间内，常常是在听到关键语之后，带负电的δ脑电波充满了你的整个大脑皮层，这时你“明白”了这个笑话，并且开始笑。有人推测，幽默引发创造力的潜力在于它能够通过非常复杂的整体性努力激发大脑的众多区域。

女士在交谈中笑得更频繁

处于所有文化中的人都有笑的能力。婴儿一般都在出生后2～3个月左右开始笑。灵长类动物研究人员告诉我们，追逐黑猩猩时，它们会发出气喘吁吁的笑声。即使是生下来只有脑干的婴儿被胳肢时也会笑。所以，笑是一种自发的、天生的行为。但是，还有一些有趣的文化差别。

在西方文化中，每天笑的次数大约在6岁时达到高峰，然后随着长大成人而逐渐减少。这是西方文化中特有的现象。而且西方文化中还有一个特有的现象，当两位男士交谈时，说话者与听话者笑的次数大体相当。当两位女士交谈时，说话者比听话者笑的次数多。当一位女士对一位男士说话时，这种情况更为突出。但当一位男士对一位女士说话时，听话者比说话者笑的次数多。

然而，这种礼貌性的社交笑是否会像那种放纵的大笑产生同样的心理和生理益处呢？这是一个有争议的问题。另外，嘲笑会像欢笑那样同样有益于健康吗？当然不会。幸灾乐祸的笑又如何呢？可能刚开始的时候有益，但是接下来的愧疚感或其他负面影响会超过最初降低压力的效果。真正快乐的笑是很难伪装的。那不仅仅是一个生理活动，而且更重要的，是蕴藏其中的情感状态。

个体的气质确实存在着很大程度的天生差异，这也就使得有些人天生就比他人笑得多。但是，隐含在快乐之笑下的对幽默的

洞察力并不是由生理因素决定的，而是后天洞察力的问题。每个人都可以培养这种洞察力，并且有时它所需要的只是让自己逃离紧张的事情一会儿，使自己沉迷于对生活中滑稽乐趣的欣赏之中。莎士比亚很擅长运用这个手法，他往往在几幕严肃紧张之后，再以几幕幽默做调节。歌德认为，幽默能够疏通情感的阻滞。情感的阻滞是会伤害人类身心的，这就像东方医学中所说的，某些身体或情感状态会阻碍“气”的畅通。

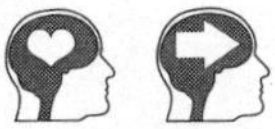

练习：找关键语

阅读下面的故事，然后挑出你认为最好笑的一句话。这里没有正确答案。但是，不能领会幽默常常与右脑有关，而且右脑也与欣赏诗歌和音乐的能力有关。

一位二次参加竞选活动的政客计划到养老院发表演讲，以争取老年人的投票。当他起身开始发表演讲的时候，他问听众，“你们知道我是谁吗？”

短暂的沉寂之后，一个颤抖的声音从人群中传出：

1. “不知道，但无论如何我们以后也记不住了。”
2. “知道，这就是为什么我们都坐在门口。”
3. “不知道，但是如果你去前台处，他们就会告诉你。”

你是粘液质还是胆汁质？你因为常发脾气而苦恼吗？如果快乐能够像服用一片阿司匹林那样容易，你愿意成为一个多血质的人吗？

如果情绪完全能由我们生命中可确认的事件决定，例如从老板那里传来的好消息或从国税局那里传来的坏消息，那么我们

阿尔布雷特·丢勒的《忧郁I》，1514年（见151页练习）。

可以把我们的情感生活看作是一张画布，我们的环境在其上绘出了一幅焦虑、抑郁、高兴或乐观的图画。但这样看待情绪明显是错误的。我们的情绪似乎时时刻刻都在发生变化，从某种程度上讲，我们无法把它简单地看作是由外部事件决定的。有些人似乎总是闷闷不乐或面带忧郁之色，而有的人天生就是乐观派。即便用绘画作比，也是我们的情绪在为环境作画，而不是环境为我们的情绪作画。

在中世纪的欧洲医学里，情绪波动和气质差异被归因为不同体液的作用，并把人的体液分为4种类型：血液(乐观倾向)，粘液(冷淡倾向)，胆汁(忧郁或脾气暴躁倾向)，黄胆汁(愤怒倾向)。如果粘液质失去平衡，那么就会引起冷漠，治疗的方法是恢复粘液质与其他体液的相对平衡。如果一个人的各种体液保持平衡，我们就说这人“心态良好”。

这个传统分类法表明了这样一个观点，即情绪是一种内部状态，独立于外部环境而存在。然而，现代理论与“体液”理论的不同点在于，应该为这种状态负责的物质。

情绪存在于大脑而不存在于脾

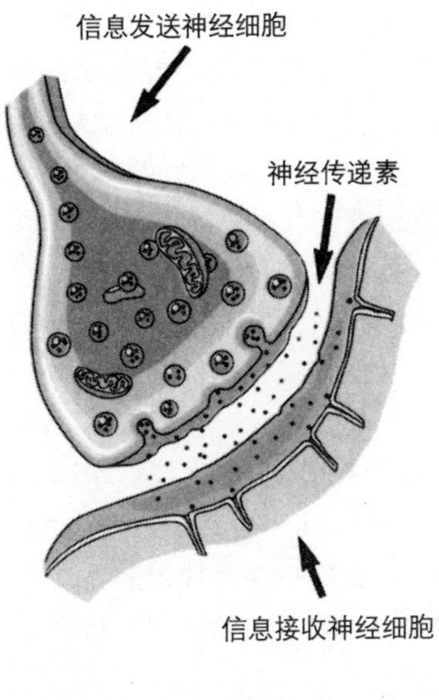

目前的主流理论认为情绪中心存在于大脑中，负责情绪波动以及长期抑郁和躁狂状态的化学物质是生物胺，或被称为神经传递素。

其工作原理

情绪传递的细胞基础在于信息在某些脑细胞突触之间的传输。促进这种传输的化学物质被称为神经传递素。其中一种重要的神经传递素被称为胺，是在结构上与氨相似的一种化学物质。

当胺被一个神经细胞释放到突触中去的时候，信息就被传输到相邻的细胞(一个特定的神经细胞只产生一种胺神经传递素，因此只发送一种信息；但是，任何神经细胞都有接收多种神经传递素的感受器，因此可以接收多种信息)。当胺被重新吸收到发送信息的细胞并且被“看门的”酶解除活性时，这个过程就被终止了。

胺的含量过多会引起躁狂，含量不足会引起抑郁。治疗长期抑郁症(过去被认为是胆汁或粘液分泌过多)的一个方法就是增加胺的水平，其途径是减缓它们被重新吸收到神经细胞，或者阻断解除其活性的酶。事实上，这就是大部分抗抑郁药物，例如丙咪嗪、异烟酰异丙肼、盐酸阿米替林、百忧解的工作原理。

与之前的“体液”理论一样，生物胺理论也远远不是完美的理论。其中一个问题是，虽然丙咪嗪可以在几分钟或几个小时之内阻断胺被再吸收，但是患者实际上需要数周之后才开始感觉抑郁缓解了。另一个问题是，一些有效的抗抑郁药物与胺没有直接的相互作用，而有些抗抑郁药物实际上会降低大脑中胺的水平。显然，实际情况比生物胺理论要复杂得多。

我们应该干涉本性吗?

用这些药物来治疗情绪失调是一件非常危险的事。其中一个原因是，大脑中化学物质的相互作用是非常复杂的，要想单独处理一个问题而不引起其他问题是很困难的。由此看来，大脑环境和化学反应所处的环境与外部生态系统并不一样。例如，如今仍在英国普遍使用的一种单胺氧化酶抑制剂的作用机制就是阻断胺消化酶。但有些胺会导致血压升高，而且这些胺也存在于某些食物中，例如熟奶酪、某些葡萄酒、成熟的无花果等等。因此，如果服用这种胺的患者同时吃这些食物，血压就有可能上升到危险甚至威胁生命的水平。

许多医生认为，百忧解等抗抑郁类药物比其他胺调节类药物要好得多，因为它们的药效非常特定：它们只与五羟色胺相互作用，阻断它被重新吸收到神经细胞。这会导致五羟色胺水平的升高，理论上可以增强自信心、降低焦虑度、促进乐观、提高能量、使思路变得清晰，但是它很少有副作用，而且绝对不会产生感知的扭曲或由于饮酒或吸毒而引起精神消沉。当然，百忧解也绝非有些人以为的那样“干净”。五羟色胺在大脑中至少有15种不同的感受器，其中只有某些种类与情绪有关；其他种类调节不同的功能，例如消化和性欲。百忧解虽然抑制五羟色胺的一般性再吸收，但它不会刺激或阻断五羟色胺敏感的区域，也不会影响其感受器。事实上，在美国和欧洲已经在进行新一代“更干净”抗抑郁药物的临床试验，其目标是针对特定的感受器而不是提高整个大脑的神经传递素水平(在法国，人均消费的抗抑郁药比美国更多；地中海式生活方式压力小的神话也不过如此罢了)。

有些人虽然没有患真正的临床抑郁症，但从传统的角度看他们有“正常”范围内的轻度抑郁或焦虑，或者有一点点病态人格，百忧解对这些人的情绪也有很好的疗效。这就导致了现今独有的“美容”精神药理学难题：我们到底应该服用一种疗效单一的药物，从而达到我们所希望的更加自信、开朗、乐观和精力充沛，还是应该接受我们天生的气质性格，就像接受大自然所赐给我们的双手一样？

练习：《忧郁 I》

148页上阿尔布雷特·丢勒的版画源于马尔西利奥·费奇诺的作品。马尔西利奥·费奇诺声称，任何在艺术上成就突出的人都是“忧郁症患者”。他区分了“黑胆汁”忧郁和“白胆汁（或黄胆汁）”忧郁：黑胆汁是热情躁狂，白胆汁是才华横溢。

建筑师、工匠、艺术家（他们都用数学这个工具）都有这幅版画中所描绘的“想象力丰富”的忧郁气质倾向。很显然，中世纪时，“忧郁”一词并非现在所指的“忧伤”，而是表示一种顿悟的挫折感，这种挫折是因观察大自然的混乱和矛盾而试图理解和设计出一种有意义的秩序时产生的。

不要回头看148页，尽可能多地列举出版画中与艺术、建筑、工匠的手艺、数学有关的物品。这个练习可以训练你的观察力、记忆力和想象力。

练习：体液

横向

1. 粘液
5. 多血质的（乐观）
8. 百忧解
9. 抑郁
10. 胺

纵向

2. 单胺氧化酶抑制剂
3. 胆汁
4. 躁狂
6. 黄胆汁
7. 体液

提示：横向9 = depression

人格量表：神经质、外向性、开放性、随和性、责任心

根据基本的人格特征为个人归类时，一个最常用的工具是NEO人格量表，NEO是神经质（Neuroticism）、外向性（Extraversion）和开放性（Openness）的缩写；最近新修订的版本加入了随和性（Agreeableness）和责任心（Conscientiousness）。

根据这些特征，很容易判断一个人的“定义”。例如，没有人想把自己描述为道德狭隘的、对复杂情况手足无措的；与此相反，他们愿意把自己描述为内省的、有创造力的、开放的。因此，我们需要找到一种不那么直接的方法，通过访问其朋友、家人，或者询问这个人在给定的情形下会怎样思考、感受或行动，而不是直接提这些现成的形容词。

另外还要认识到，这些量度值的高低并不一定意味着这个人的人格“好”或“坏”，或者说自我调节能力强或差、成功或不成功等等。战斗机飞行员在外向性这个量度的得分很高，但在随和性这个量度的得分很低。在某些行业中，虚心和恻隐之心可能是好品质，但是要说到驾驶F-14战斗机，这些肯定就不合适了。不同的个人有不同的人格特征，这很有可能是进化选择的结果，因为不同种类的人必须有不同的行为方式和相互作用，才能改善整个人类的生存前景。

有充分证据表明，这其中的某些变量是由出生顺序决定的。年长的孩子要比年幼的孩子在责任心这项得分高，而年幼的孩子在开放性这项得分比较高。无论你认为高责任心是“好”还是“坏”，无论它意味着这个人有道德、有责任心还是仅仅有伪善的道德，这在很大程度上都取决于你自己是家里最年长的还是最年幼的孩子。

回答下列问题，将每个单项的分数相加，看看你能得多少分。然后对照后面的评分标准来评价自己的人格特征。

（下页继续）

A.

1. 度假的时候，你喜欢事先计划行程并且预定酒店，还是喜欢到时再作决定?
   a. 计划行程（1分）
   b. 到时再做决定（2分）

2. 到一家新餐馆吃饭时，你吃到了自己非常喜欢的饭菜，下次再去你会点同样的菜，还是会尝尝不同的口味?
   a. 点同样的菜（1分）
   b. 尝尝不同的口味（2分）

3. 拉尔夫·沃尔朵·爱默生曾经写道："愚蠢的一致性是小人物心中的怪物。"你认为人们常常太过于盲目坚持一致性，还是认为如果人们更加重视一致性，我们的生活将会更加美好?
   a. 人们应该更加重视一致性（1分）
   b. 人们常常太过于盲目坚持一致性（2分）

4. 如果你看到繁忙的人行道中央有一个小孩在自行车上进行特技表演，你会为他危及他人的安全而生气还是赞赏他的表演?
   a. 生气（1分）
   b. 赞赏（2分）

5. 如果你的孩子要求在他的食物上添加一种罕见的调料或浇头，例如在早餐麦片粥中添加巴马干酪或在意大利面条上添加果酱，你倾向于让她去尝试，还是当场制止她?
   a. 当场制止（1分）
   b. 让她尝试（2分）

（下页继续）

B.

1. 如果一天早上你的一位同事很明显地撒谎说她要请病假，你会为她的谎言感到生气，还是会担心她可能有什么苦衷?
   a. 生气（1分）
   b. 担心（2分）

2. 假想你在一家餐馆点了一道菜，结果发现菜被烧老了，而且盐也放多了。当服务生从旁边经过并且问你：“今天一切可好？”，你会告诉他你不喜欢今天的菜并说出问题，还是会说：“很好，谢谢”？
   a. 告诉他今天饭菜的问题（1分）
   b. 说“很好，谢谢”（2分）

3. 下列哪种说法能更好地表达你对友谊的看法?
   a. 鞭策朋友使他们达到自己的极限，让他们自己去审视自己的满意度以及他们的行为或表现，让他们能够取得更大的成就（1分）
   b. 向朋友表明你喜欢并支持他们，并且避免使他们感到不安或伤害他们的感情（2分）

4. 如果同你谈话的人出现发音或用词错误，你会纠正他们，还是会忽略错误?
   a. 纠正（1分）
   b. 忽略（2分）

5. 当你在高速公路上行驶时，有人超车到了你前面，你会自动减速让两车保持一定的距离，还是会紧随其后或者超过他以示你的不满?
   a. 紧随其后或者超过他（1分）
   b. 减速（2分）

（下页继续）

C.

1. 如果一个好朋友告诉你说她很担心你，因为你看上去有些忧伤。你会感到不安，还是为她的关心感到高兴?

   a. 高兴（1分）

   b. 不安（2分）

2. 如果你在一次聚会上遇到一个笔相家，你认为把自己的笔迹给他看是件很有趣的事，还是为他可能会对你下的结论感到不安或难为情?

   a. 有趣（1分）

   b. 不安（2分）

3. 对某人发脾气后，你通常感到自己做得对，还是常常感到愧疚或担心自己可能太过分了?

   a. 感觉我做得对（1分）

   b. 感觉愧疚（2分）

4. 你认为仅仅见过一面之后，一个陌生人就能对你作出正确评价吗?还是认为你所表现出来的人格会随着情景的不同而发生变化，任何评价都极有可能是不正确的?

   a. 能够作出正确评价（1分）

   b. 评价极有可能是不正确的（2分）

5. 你是否曾经对过去所说的话感到内疚或悔恨?还是你认为每个人都会犯错误，你所能够做的就是从错误中学习，从而避免在未来犯同样的错误?

   a. 每个人都会犯错误（1分）

   b. 感到悔恨（2分）

（下页继续）

D.

1. 好朋友举办宴会，你到达或离开之时喜欢拥抱还是握手?

   a. 握手（1分）

   b. 拥抱（2分）

2. 如果让你选择与他人合作完成一个项目或自己独立完成一项任务，你会通常选择哪一个?

   a. 自己独立完成（1分）

   b. 与他人合作（2分）

3. 当你发现自己买的东西有缺陷时，你会觉得调换太麻烦，还是会为此感到害羞、太愚蠢?

   a. 麻烦（1分）

   b. 感到害羞太愚蠢（2分）

4. 如果在聚会上有人想给你拍照，你通常认为他们应该随意地照而不必太过认真，还是认为他们最好告诉你专心点，让你摆好姿势和脸上带着笑容时再照?

   a. 随意照（1分）

   b. 最好打断（2分）

5. 奥松·威尔斯在20世纪70年代播出的一则葡萄酒广告中曾经说过他喜欢以拍电影的方式“派”对。你喜欢参加这样的派对，还是讨厌主办者的操纵，而宁愿呆在家里?

   a. 宁愿呆在家里（1分）

   b. 喜欢参加（2分）

（下页继续）

E.

1. 假如邮寄给你和妻子的包裹于12月10日这天送达。你打开它，发现有许多做工精巧的瑞士巧克力包装在红色和绿色的圣诞锡箔纸内。你会立即尝一个，还是会把它们放起来，忍着圣诞节再吃？

   a. 立即尝一个（1分）

   b. 等到圣诞节再吃（2分）

2. 在自动取款机前排队等候的时候，你踩到了一个棕色的小纸袋，并且发现里面有面值20美元的钞票，共计500美元。里面没有任何姓名或身份之类的东西。你会自己保留，还是走进银行把它交给出纳，并且留下你的姓名和电话号码以防没有人领取？

   a. 自己保留（1分）

   b. 交给出纳（2分）

3. 有人认为桌子整洁表明主人精神有问题，有人认为桌子凌乱暴露出主人懒惰的本性。你更倾向于赞同哪种说法？

   a. 桌子整洁表明主人精神有问题（1分）

   b. 桌子凌乱暴露出主人懒惰的本性（2分）

4. 你认为人人应该遵守法律，还是认为有规定就要有人违犯？

   a. 有规定就要有人违犯（1分）

   b. 人人应该遵守法律（2分）

5. 如果一本书读到一半的时候，即使你的兴趣减退，你也通常会把它读完，还是觉得如果不再感兴趣读完就没有意义？

   a. 读完就没有意义了（1分）

   b. 即使不感兴趣也会把它读完（2分）

（下页继续）

评分标准：

A

10分 = 叛逆、不墨守成规、有想象力、思想开放：高开放性

5分 = 传统、保守：低开放性

B

10分 = 有同情心、顺从：高随和性

5分 = 多疑、挑剔、对抗：低随和性

C

10分 = 喜怒无常、自怜、爱面子、脆弱：高神经质

5分 = 沉着冷静、自信、客观：低神经质

D

10分 = 爱交际、武断、处事稳重：高外向性

5分 = 安静、矜持、喜欢独处：低外向性

E

10分 = 组织性强、可信赖、有道德、尽职尽责：高责任心

5分 = 无组织、放纵、反复无常：低责任心

为什么女性更容易受到昼长的影响而出现季节性情绪波动?

冬日将至，松鼠们开始跑来跑去忙碌着储存坚果过冬的时候，我们的大脑也开始发生化学变化以适应渐短的昼长，这在某种程度上可以解释季节性情绪紊乱——至少你是女性，就有可能出现这种情况。

季节性情绪紊乱又称为冬季抑郁症，这种抑郁症尤其发生在温带地区或高纬度气候区的冬季月份，多发生于女性人群之中。这可能是因为女性荷尔蒙对季节的反应比男性敏感。

女性对褪黑激素的反应比男性强烈

夏至过后，随着夜晚的变长，女性体内的褪黑激素水平会有一定比例的增加(褪黑激素是由大脑松果体分泌的，主要用于调节身体的生物钟；这也是为什么经常飞行的人服用了这种药物后很容易调整时差。随着夜晚的变长，松鼠体内褪黑激素的分泌量也会相应增加，这也促使它们收集坚果以备过冬之用)。其他激素也会作出调整以适应渐渐变短的昼长。在夜长的季节，催乳激素在夜晚增加分泌量，引起人们的幸福感。

如果让女性听从身体对季节变化的内在调节，那么大多数女性大概都会自然形成一种冬季生活模式，也就是夜间睡眠更长久。事实上，在我们的现实世界中，她们必须强迫自己的身体去适应全年中的夏季生活模式，即昼长夜短的生活。

但是，男性对季节的变化相对不是那么敏感。他们使自己的身体只要感受到灯光就可以确信夏天不会结束。如果要体验女性所经历的那种荷尔蒙波动，他们就必须在夜晚远离黄色的灯光和变换不定的蓝色电视光线。

季节性情绪紊乱可以治疗吗?

有些研究人员发现，光疗——使患者暴露于光疗诊室里的强

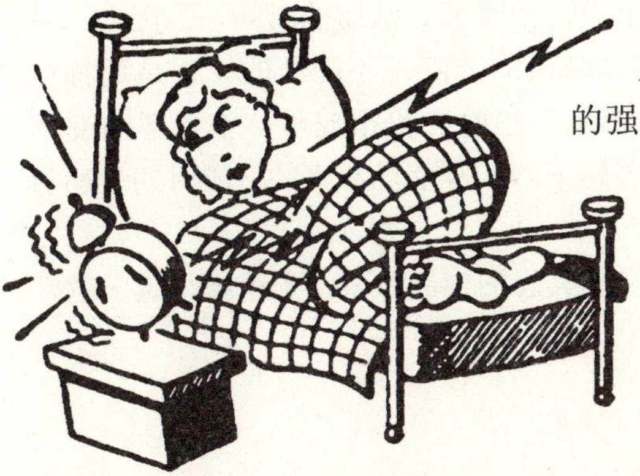

光之下或暴露于商用个人“光盒”发出的强光之下——对于冬季抑郁症有很好的疗效，因此被誉为“天然百忧解”。

这对于古希腊人来说并不是什么新鲜事，他们早就发现了光的治疗作用。早在20世纪初，医生们就主张用“日光浴”治疗生理和心理疾病，这对于他们来说也不是什么新鲜事。

实验证明，光疗是通过眼睛而不是皮肤起作用的。光的抗抑郁治疗对全身赤裸但眼睛被蒙上的人没有任何疗效，但对全身上下像木乃伊一样被裹住却只露出眼睛的人则疗效显著。

为了治疗冬季抑郁症是否必需把患者暴露在紫外线之下？也许没有这个必要。依靠人造光源治疗冬季抑郁症的需求在于数量，而非质量。灯光明亮的家或办公室的照明强度是300～600勒克斯(国际标准照明单位，大致相当于一支烛光的亮度)，而在晴朗的夏季，室外的照明强度可能超过10万勒克斯。无论怎样，提供1万勒克斯的个人用“光盒”，无论是紫外线还是屏蔽紫外线的款式，都可以在市面上买到。

睡眠模式在冬季是如何变化的?

当人类——无论是男性还是女性——置身于大自然高纬度季节性变化之中时，常常会发生下列情况：

在漫长的冬季黑夜里，我们安静地躺在床上睡觉的时间可能更长，这是现代生活通常不允许的。平均每天睡上12个小时，其中包括4或5个小时的深度睡眠，接下来的几个小时是清醒地躺在那里静静地沉思，随后的4或5个小时是快速眼动睡眠(做梦)。

至于中间为什么会有一段平静、清醒的时间，原因之一是：在这12个小时里，催乳激素的分泌是不间断的。正是这种激素的作用，才使得动物在巢穴里时变得很安静。在短暂的夏季夜晚，褪黑激素的分泌急剧下降，且催乳激素的分泌时间也相对比较短暂。

如果你想拥有更自然冥思的催乳激素，那就睡得越多越好。

练习：如何避免发生季节性情绪紊乱

如果你对我们“确实”应该体验的冬季睡眠感到不理解，就请尝试下面这个简单的实验。

选择一个没有任何事情要做的夜晚，在卧室门外挂上“请勿打扰”的牌子，拉上卧室的窗帘，不让光线透进来，拔掉电话线，并且在晚上6或7点钟上床，保证夜间有很长的睡眠时间。即使你不能立即入睡也不要担心——你很可能不能立即入睡，但这是非常自然的事。或许经过几个小时的静躺和思考，你就会进入梦乡。

你很有可能不会睡上整个夜晚，但这也没什么问题。如果你在一两点钟醒来，不要着急起床去做任何事情——只是静静地躺着，任你的思绪游荡，一两个钟头之内你就会再次入睡。你很有可能在第二天早上的7点钟左右自然醒来，根本不需要闹钟。拉开窗帘，你会感到真正的一夜好眠是多么美好，你的身心是多么爽快、平静。

这个实验在冬季非常奏效，因为在冬季（假如你所处的纬度很高），你不必遮挡任何自然光——只需在日落的时候上床睡觉，并且在日出的时候醒来。

大脑内部的性别差异

许多研究都表明，大脑内部存在性别差异，但是这些研究结果很难被评定，而且很容易被曲解。

首先，几乎总是有大量的性别重叠，因此差异只在大量的抽样中才会出现。任何男人的大脑都有可能符合对女性大脑作出的概括，反之亦然。在这一点上，大脑的生物差异反映了在认知能力方面所存在的性别差异。男人通常在某些空间能力测试中会取得较好的成绩（例如在头脑中想象旋转的三维物体），而女性常常在某些语言测试中会取得较好的成绩；但是，某些妇女也可能有数学或物理学天才，某些男人也可能成为语言学家或文学家。

其次，大脑某个区域的大小或整个大脑的大小并不一定能够证明人的智力水平。更能证明智力水平的可能是神经细胞的密度，而不能单单看细胞大小。

但是，这些研究仍然是非常有趣的。最近在《科学》杂志上发表的一篇文章指出，在休息状态下，男人的颞边缘区域比较活跃，而女性的扣带区域比较活跃。颞边缘区域是大脑中调节情感的边缘系统的一个“原始的”行动导向部位。扣带区域也是边缘系统的一部分，但是它进化完成得比较晚，它在行动的符号表象方面起作用，但对行动本身不起作用。

《科学》杂志上的另一篇文章指出，女性大脑外侧裂内的颞平面皮层有更密集的神经细胞。外侧裂与听觉联络以及部分语言功能——尤其是语调的神经基质有关。

当我们睡眠的时候大脑在忙着做什么？

关于我们为什么会做梦，从柏拉图到弗洛伊德，似乎每个人都有自己钟爱的理论。现在轮到科学家们用正电子发射断层扫描技术来解释梦了。利用这种新型的高科技方法可以获得大脑在活动时的成像。

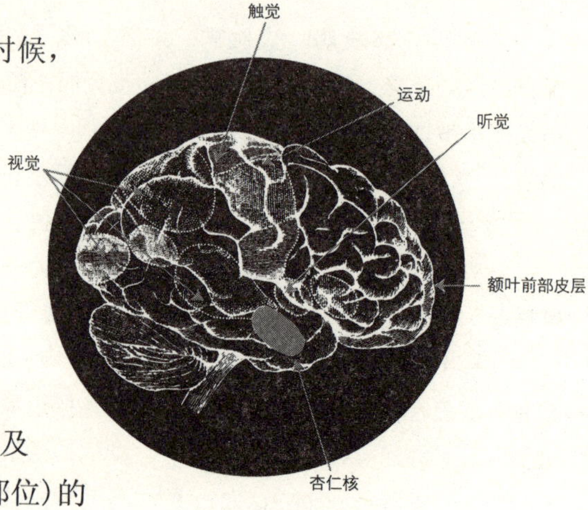

当我们做梦的时候，正电子发射断层扫描成像显示出大脑的许多区域都在睡眠，这些区域就像北极圈冬至的前夜那么黑。例如，额叶前部皮层（主要与计划及时间感有关的大脑部位）的很大一片区域完全停止活动了；这也许可以说明我们在梦中为什么会经历古怪的时间畸变。但是有一个像圣诞树一样被点亮的区域，杏仁核。

情感与梦有何联系？

越来越多的证据表明，梦的一个主要功能是强化白天学过的东西（见32页“一天夜里一个中年人在睡梦中抱住并摔倒了他的五斗柜”）。当我们学习复杂的东西时，快速眼动睡眠将会增加，期间我们会做梦。在我们学习复杂的逻辑任务之后，如果快速眼动睡眠在一个或几个夜晚中断或遭到抑制，那么我们很有可能会忘记我们所学过的东西——即使之后的睡眠周期恢复正常，也可能记不起来那些学过的东西（在家里做这个试验是很容易的，因为你可以通过在睡觉前喝酒来抑制快速眼动睡眠周期）。

接下来，考虑这样一个事实，即充满情感的经历很容易进入永久的长时记忆(见167页)。由于杏仁核是情感的主控中心，因此它一定会以某种方式避开阻止日常生活细节进入永久记忆的看门人(见67页“假如有一种增强记忆力的药物……”)。当我们做梦的时候，杏仁核正在发挥另一种促进记忆力形成的功能。

如何才能够让杏仁核帮助我们更快地学习?

除了保持充足的睡眠、晚上不要饮酒过多等应该注意的基本事项之外，睡眠科学家们还发现了一种简单有效地提高记忆力的方法。在以大学心理学专业的本科生为实验对象的一个实验中，他们先是播放了一盒发出咔嗒咔嗒声的磁带(不是太混乱，但足以听得见)，与此同时，要求学生们学习一项逻辑难度较大的任务。然后他们在那天晚上趁学生睡眠的时候播放那盒磁带。一周之后，这些学生的成绩提高了23%。这表明，可以利用背景噪声作为对大脑的夜间提示，从而强化处理和记忆学习任务。

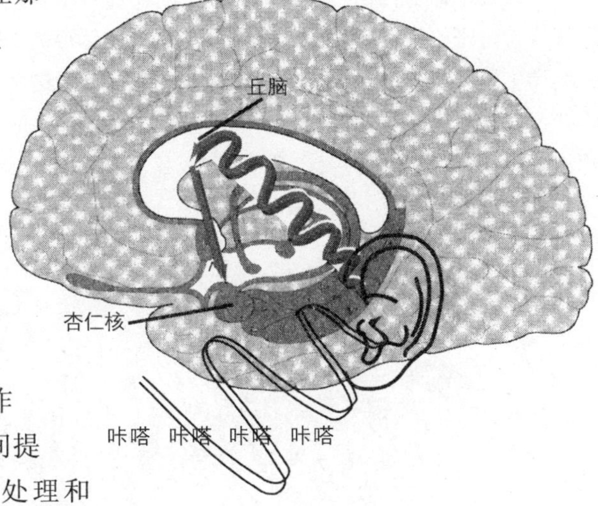

捷径：为什么杏仁核会绕过有意识的想法

一次，有人要求路易斯·阿姆斯特朗给爵士乐下个定义，他回答说："老兄，如果你老问，你将永远不会知道答案。"杏仁核从来不问问题。大脑一感到麻烦，它就会立即按下应急按钮。它储存威胁生命的经历，例如火焰的热度、蛇的形状或父母的虐待方法。

杏仁核的搭档丘脑，把通过感官传进来的信息按照特定的路线传输到大脑皮层，从而由大脑皮层决定如何使用信息——除非这些信息有可能威胁生命。如果是威胁生命的信息，那么丘脑同时直接把它传送到杏仁核。在下面的例子中，大脑视觉皮层会花时间考虑这只老虎是一只有危险的真老虎，还是一只塞满木棉的玩具老虎。大脑皮层可以推翻杏仁核瞬时作出的"可能被当作一顿午餐吃掉的"反应。

成年人很难理解或改变他们在童年时经历的虐待，其中的一个原因是他们已经把这些严重的威胁储存在于原始大脑的下意识系统中。这个大脑系统的目的是要维持我们的生存。它依靠的是情感反应，而承受不起理性的分析。

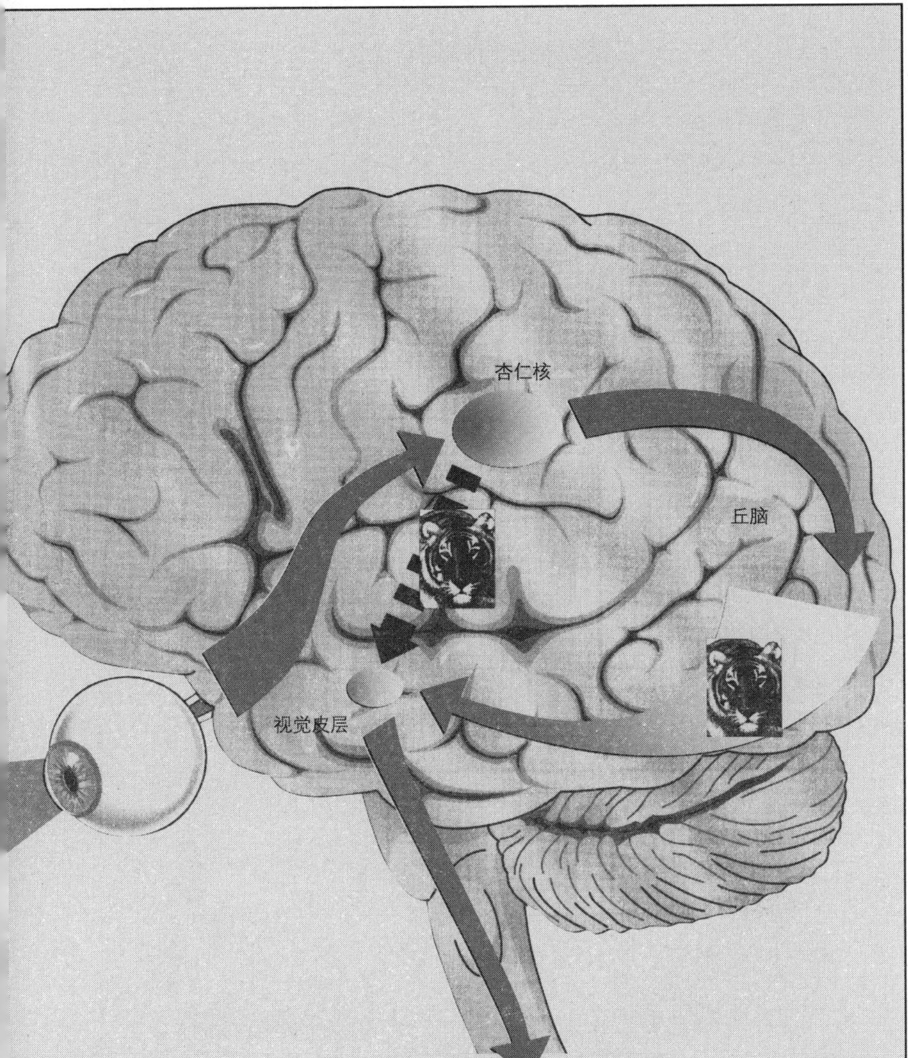
杏仁核
丘脑
视觉皮层
到达神经系统其他部分的通道，
从而激发对情感的身体反应，例
如心跳加快、身体僵硬、跑、攻
击等。

脑部扫描可以做什么

不动手术而对大脑活动照像是为了确定受损部位或确定大脑中处理不同任务的区域。

20世纪20年代的X光照像只能显示大概的结构，因为X射线不能拍摄软组织例如大脑皮层。

20世纪20年代的脑电图可以测出与不同脑力活动有关的大脑内电活动的变化。

20世纪60年代的计算机断层X射线照像术能够“快照”细微结构，因此扫描可以在临床上用于确定脑肿瘤、脑损伤或脑血栓的位置。

现代的正电子发射断层、磁共振成像和脑磁图可以提供大脑受到具体刺激时不同区域的活动情况，例如试图描述一个场景，看令人恶心的图画，阅读枯燥的一组单词或一篇爱情故事等等。

如果用正电子发射断层扫描，志愿者被注射一种有轻微放射性的溶液或吸入一种放射性气体，然后把他的头放在γ射线检测器的圆环里面。大脑工作最努力的部位接收到最多的受到辐射的氧化血液，而且这些部位会在电脑生成的图片上呈现明亮的红色和白色。

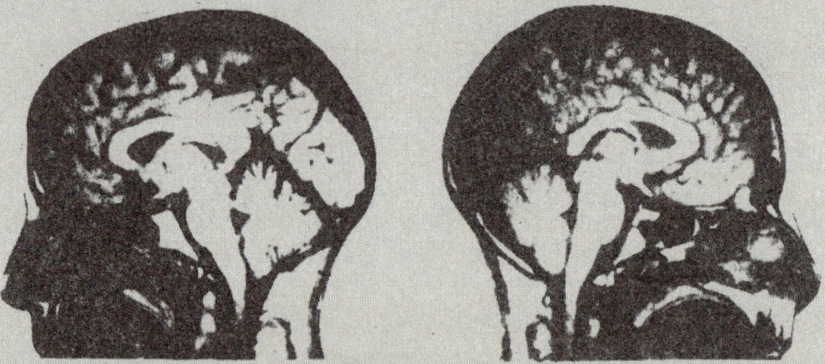

这是一位女性的大脑磁共振成像（左）和一位男性的大脑磁共振成像（右）。注意，这位女性的胼胝体（在脑成像的中心位置）在靠近后部的地方比男性的要厚。胼胝体在青春期就停止生长了；由于男性进入青春期的时间比较早，因此男人的胼胝体——连接大脑的两个半球——比女人的胼胝体薄。这可以说明为什么女性的思维比男性的思维更加“整体化”。

练习：术语测试

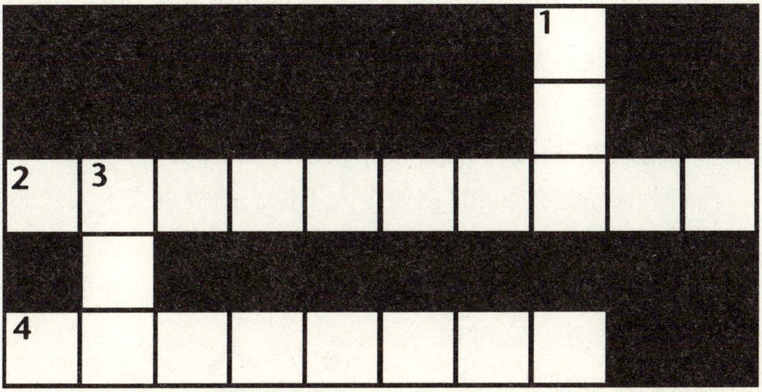

横向

2. 额叶前部皮层
4. 杏仁核

纵向

1. 正电子发射断层扫描
3. 快速眼动睡眠

提示：纵向1 = 正电子发射断层扫描

说出不愉快的经历有助身体健康

越来越多的证据表明，你积压的负面情感越多，你就越有可能患高血压、癌症等一系列的疾病。与此相反，如果你坚持为所欲为，把心中的不快一吐为快，那么你可能感觉好受些，至少比你总是努力在他人面前装出一副高兴的神态要好。

你是一个情感内在化的人还是一个情感外在化的人？

面对刺激情感的事物(例如令人不愉快的故事或令人厌恶的图片)时，情感内在化的人很少表现出明显的反应，而情感外在化的人则反应更开放。然而，很少表现外在反应的人常常积存更强烈的内在压力，这可以通过测量心率和皮肤传导性看出。而且，当被要求面对录音机说出自己最痛苦的人生经历时，那些愿意说出最隐私的经历和具体压力的人表现出较低的皮肤传导系数(压力较小)，而那些讲出的故事不是那么隐私、那么苦恼的人则表现出较高的皮肤传导系数。

这些实验表明，当压抑不愉快的经历时，对自主神经系统有较严重的影响，如果这些经历以口头或非口头的方式表达出来，对自主神经系统的影响则相对较小。

分清不善表达的原因

有些婴儿天生就不善表达。婴儿出生后的第二天，面部活动就开始表现出很明显的差异，而且这些差异会随着婴儿的成长一直保持不变。这样看来，情感的表达力至少在某种程度上是天生的。因此天生不善表达的人很可能不会经历心理冲突或健康问题。然而，如果是因为后天学习压抑自己情感而变得不善表达(这种学习过程早在两岁时就开始了)，那么他们则会有比较高的健康隐患。

父亲，请原谅我的罪过

把不愉快的情感内在化会造成什么样的结果？研究显示，许多健康问题都与压抑消极情感有关；相反，把个人痛苦说出来或写下来则会有治疗的效果，并且会改善健康的状况。

在一项研究中，要求大学生和公司职员做一份调查问卷，标出自己人生成长过程中曾经经历过的各种痛苦(例如，父母的死亡或离异、性虐待等)。另外还要求他们评价自己与他人交流这些痛苦的程度。结果显示，不愿谈论自己的痛苦经历与患癌症、高血压、溃疡以及其他疾病有一定的关联。

写出来和说出来一样管用

其他研究表明，写出极度痛苦的事情能够改善抵抗感染和疾病的能力，这是通过实验对象的血样免疫功能检测出来的。

非语言交流又如何?

语言(无论是口头语言还是书面语言)只是我们众多交流形式中的一种。让他人了解自己情感的其他方法是那些有意或无意做出的动作。其中很明显的一个例子是各种面部表情，或通过“肢体语言”的动作和姿势，例如翘起二郎腿或远离同你讲话的人。艺术家通过绘画和音乐表达自己的情感状态可以像通过语言文字表达一样强烈。那么，通过其他方式表达情感是否也会有同样良好的效果？尽管证据还不确凿，但是已知证明可以收到同样良好的效果。

首先，情感外在化的人不仅仅谈论自己的情感，他们常常把这些情感表露在脸上。在一些实验中，给受试者看一些令人愉快的图片和令人厌恶的图片，测试者仅仅通过观察情感外在化的人的面部反应就能够轻松地判断图片的性质。但对情感内在化的人进行这个测试，作出的判断就不会那么准确了。

同抑制语言反应一样，抑制面部反应也会对身体造成同样的损害。在最近的一项研究中，一群正常的人被教授了一些秘密的“罪恶知识”，并且被告知通过掩饰自己的面部表情来向他人隐匿这些知识。他们被告知这些“知识”是这个实验的一个组成部分。即使如此，他们的皮肤传导水平还是上升了，这与人们在谈话或回答问题时撒谎或抑制情感的情况是一样的。

艺术疗法(通过非语言方式，例如绘画，来消除心理痛苦或心理冲突)常常用于治疗有语言交流障碍的患者，例如孤独症患者或受到虐待的儿童。正常的非语言艺术表达对神经和免疫系统也可能有同样良好的效果。

自我测试：墨迹人格测试

瑞士精神病学家赫尔曼·罗夏认为，人们对随意形象的反应会表露出影响他们人格的因素。罗夏给他的受试者看了10个不同的墨迹，有些是彩色，有些是黑白，并且要求受试者说出每个墨迹所激发的形象和想法。这样的测试的答案没有“对”或“错”，但测试结果可以帮助我们了解一个人的性格特征或精神状态。

仔细观察下面的3个罗夏墨迹。找出一个让你想起过去自己某次不愉快经历的墨迹。把你那次不愉快的经历告诉另一个人，并且告诉他你在这个墨迹里看到了什么而使你想起了那次经历。然后让你刚才倾吐心声的那个人选择一个墨迹，做同样的事情。

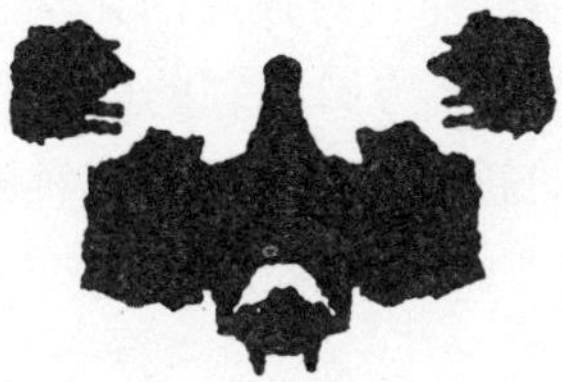

为什么免疫反应和大脑相连并不令你奇怪?

免疫系统已经演变为对付来自身体内外威胁的工具了——就像第六感一样(顺便提一句，其他五感是：视觉、嗅觉、触觉、味觉和听觉)。然而，免疫系统与身体其他系统(神经/行为以及内分泌/激素)的相互作用使它看上去好像不是一个单独的器官，而更像是囊括身体众多器官的复杂系统的其中一个部分。

它们甚至对彼此的化学传递素做出反应

例如，神经传递素是神经细胞(包括脑细胞)之间相互交流所使用的化学物质。细胞因子是它们在免疫系统细胞里的对应物。过去人们常常认为这两个系统是相互独立工作的，但是现在人们知道两个系统都产生两种类型的化学物质，而且对彼此的化学物质能够作出反应。实际上，它们是一个综合防御机制的两个部分。研究心理状态和免疫系统相互作用的新科学被称为心理神经免疫学。

左撇子更容易患自身免疫性疾病

如果你能够接受情感的神经基础这一理论，那就不难理解情感与免疫系统是有关联的。原因是，人们很早就知道大脑神经细胞受到损伤会引起免疫系统问题。

大脑受损有可能增加或降低免疫系统的反应，至于是增加还是降低则要看大脑受到损伤的部位。老鼠左脑损伤会抑制T细胞的活动(T细胞是免疫系统的“进攻部队”)，但是右脑损伤会增强T细胞的功能。也许这种不对称可以解释为什么左撇子更有可能患诵读困难或自身免疫性疾病。

人怎么会忧伤而死?

人们都知道，某些心理压力会增加受传染、生病甚至死亡的危险。例如，配偶死亡之后，另一方的死亡率也会上升。事实上，有的人确实是“忧伤而死”。

这种情况曾经在其他灵长类动物中间发生过。简·古道尔讲述过一只少年黑猩猩的故事。这只黑猩猩与母亲有一种异乎寻常的亲密关系，而且在他母亲死前从来没有完全中断过这种关系。尽管他能够独立觅食和照顾自己(他已经8岁了，早已过了黑猩猩的童年期)，但他从来没有从母亲死亡的心理阴影里走出来过，而且变得越来越情绪低落和冷漠。母亲死后一个月，他也死去了。古道尔因此推断：“由丧失亲人引起的心理和生理失调更容易遭受疾病的侵扰。”

压力和抑郁如何降低我们对疾病的抵抗力

从细胞的层面上来讲，临床抑郁症与我们身体内的自然防御物的水平降低有关，这种防御物包括T细胞和所谓的自然杀伤细胞，可以防御细菌和病毒感染以及疾病。这就意味着，始终活跃在我们身体周围的病毒(包括引起帕金森病、各种癌症甚至疣的病毒)可能会在抑郁、长期焦虑或其他种类的心理压力期间，突破我们身体的防线。

有些病毒可能一直存在于我们的身体之中，但是不活跃，当我们出现心理压力时，它们可能会恢复活力。例如，为什么大学生在考试期间更容易出现疱疹。

早老性痴呆症患者的亲人会产生受损淋巴细胞反应性(衡量免疫系统健康的一个指标)。三里岛核电站发生事故之后，住在附近的居民也出现了相同的情况。当过于拥挤的时候，动物也容易出现免疫缺陷和免疫性疾病。

但是减轻压力则有可能出现相反的结果。在对一群同性恋男子的一项研究中，被告知其HIV呈阴性后的一周内，他们的淋巴细胞反应性翻了一番。

愉快的经历比不愉快的经历有更持久的影响

最近的一项研究表明，愉快的经历，例如快乐的社交活动、游戏或运动等，对免疫系统的促进作用会持续两天。但是，日常不愉快的事情，例如与同事或雇主发生不快，对免疫系统的抑制性影响一般会在一天之内就消失。这项研究要求志愿者填写对每天心情好坏的评价。他们每天还要吃下一粒兔蛋白药片。最终通过对他们的唾液取样分析发现，他们的免疫系统产生了非常有效的抗体。

这项研究还表明，如果没有愉快的事情发生，那么人很容易患感冒，但是如果有轻微压力发生，那么人就不会那么容易患感冒。也就是说，压力不会降低免疫力；愉快的经历也不是一定就能够保护你抵御疾病。

心理抑郁还有可能引起心脏病

经过数年研究，越来越多的证据表明，抑郁和心脏病是有关联的，但研究人员不能确定，到底是心脏病引发了抑郁症还是抑郁症引发了心脏病。

新的证据表明，抑郁症可能是罪魁祸首。那么抑郁症是如何引起心脏病的呢？处于抑郁精神状态下的人会分泌较高水平的致潜在危害的压力激素，包括皮质醇和去甲肾上腺素。这些激素会使心率加速、睡眠失调、血压升高，还会促进血栓的形成、提高血液内“坏”胆固醇的比例、打乱心搏节律。皮质醇甚至还会造成心律不齐，危及生命。当抑郁症治愈后，身体的生化机能恢复正常，失常的心律也常常会恢复正常。

如何才能改善情绪、增进身体健康？

从这项研究中我们可以得到一个这样的教训：我们必须用

有趣的、快乐的活动终结有压力的日程表。这道理听上去人人都懂，但是许多过度工作、成就卓著的人好像觉得娱乐、充足的睡眠和一顿美餐仿佛是难以承受的奢侈品——然而，他们为此付出的代价是：自身免疫性疾病或慢性疲劳综合症。

有时候，让自己感觉高兴可不是件容易的事——任何一个经受情绪不好(或低度抑郁)的人都会承认这一点，更不用说那些患有严重临床抑郁症的人了。人们已经证明神经传递素五羟色胺可以对抗抑郁、焦虑、自卑、社会抑制和其他许多令人不愉快的人格。我们可以用许多方法提高五羟色胺的水平。晒太阳、体育锻炼、充足睡眠都可以提高五羟色胺的水平。由于所有的神经传递素，包括五羟色胺，都产自我们吃的食物里的氨基酸，因此摄入充足的氨基酸是非常必要的。动物蛋白是氨基酸的重要来源(一种理论认为，情绪不良和其他精神抑郁类病变越来越普遍的主要原因是，相对于我们新石器时代的祖先来说，我们摄入的动物蛋白太低了)。在过去的10年间，许多人发现，像百忧解这类选择性五羟色胺再摄取抑制剂对抑郁症有非常显著的疗效，它还可以减少压力激素的长期过量分泌，降低患心脏病机率，而且有可能减少免疫性疾病的危险性。

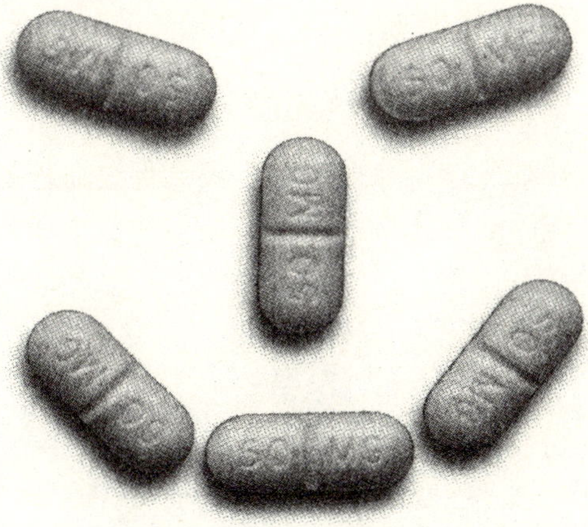

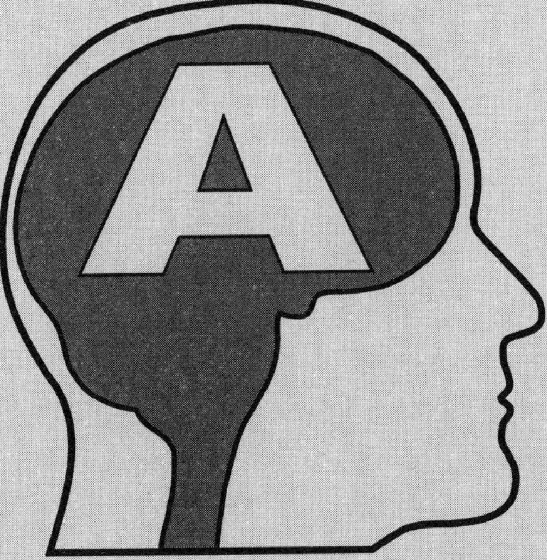

语 言

语　言

我们在幼年期的语言学习是非常本能的、不由自主的活动，因此我们有时会认为语言学习是理所当然的事。最新证据表明，终生学习语言有助于防止脑细胞树突分支的萎缩，甚至可以预防痴呆症。

人类的语言能力是非常复杂而神秘的。我们知道，早在幼儿时期我们就开始学习语言了，甚至可以用相对混乱无序的素材创造语言。婴儿不是养育者书写语法规则的白板，而是高度活跃的语言“创造者”。在出生后的数年之内，这些小语言艺术家就能够构建一套完整的心理语法。

因此，语言是一种与生俱来的能力，它把全人类紧密地联合在一起。它产生了一套非常微妙、非常复杂的内在心理规则，然而人们不需要接受正规的教育就能够掌握这些规则。但是，不同的个体之间存在着重大的差异。

老年人往往要比年轻人的词汇量大。词汇量的增长是经验不断积累的结果，而经验的积累常常与年龄有关。它不是主要取决于头脑的敏锐的，不像速算游戏那样，20岁的年轻人可以击败自己的父母。我们还知道，有些人的词汇量要比同龄人的词汇量大。虽然词汇量的大小不取决于头脑的聪明程度，但它常常与其他智力度量有联系，例如处理数字的能力、在头脑中旋转三维物体的能力以及逻辑推理的能力。

当然，有因就有果。词汇量大源于对阅读和学习新信息的兴趣。想象一下，与理解超市小报上的薯条情报相比，阅读《纽约客》上的非虚构文学作品或阅读《华尔街日报》上的一篇文章得付出多大的努力和自律。

越来越多的证据表明，不断挑战自我语言能力有助于保持脑细胞的健康。在一项所谓的“修女研究”中，与那些用简短句子书写的修女相比，使用复杂书写风格的修女年老时患痴呆症的可能性要小得多。因此，终生挑战自己去理解复杂的语言结构可以预防痴呆症。

随着年龄变老，我们常常在处理复杂的句子结构时感到越来越困难。这可能是短时工作记忆能力逐渐下降所致。因此，分析类似“虽然亨利已经吃完了劳拉的派，他仍然拒绝反对劳拉再给自己来一块蛋糕。”这样的句子就会变得比较困难。而且在理解“花园路径”句时也会变得困难，例如句子“The dog walked through the park barked.”（“花园路径”句指那些按照直线式地按一个个词进行句法分析时会“把你引向一条花园小径”的句子。当你到达句子结尾时，你会发现什么也不明白，这时你才意识到自己一定是把句子分析错了，于是你得重新分析句子以得到更好的结果。所有这些都会加重你工作记忆的负担)。

这种能力与其他依靠工作记忆的能力一样，遵循“用进废退”的原则。即使是一个十几岁的青少年，如果一直依靠计算器计算而不用大脑，那么他的心算能力将会丧失。在你的整个人生中，脑细胞都能长出新的树突，因此永远不要绝望。但是，如果你的大脑的闲置时间越长，那么矫正起来就会越困难。

脑损伤帮助测定大脑的语言区域

大脑某些部位的损伤或病变引起的失语症为人们了解语言中心的位置提供了非常宝贵的机会。如果由于头部遭受重击或患中风引起大脑的某个特定部位损伤，而且引起某种语言功能的丧失，那么我们就可以推断这种语言功能位于大脑的这一部位。

19世纪有两位神经学家，布洛卡和威尼克，分别发现了与两种语言功能障碍有关的大脑部位，为了纪念他们的发现，后人便以他们的名字命名了两种典型的失语症，即布洛卡失语症和威尼克失语症。而大脑的这两个部位也分别被称为布洛卡区(左前脑回下部)和威尼克区(左侧听觉大脑皮层的后部)。这两个区域都位于大脑左半球，发现这两个区域的语言功能对于了解左脑的语言功能是一个非常重要的贡献。

你犯低级的语法错误吗?

布洛卡失语症患者会出现说话极度不流利的状况；他们说话非常吃力，语气单调，虽然常常能用对名词，但不会正确使用动词和语法语素(例如时态和词缀)。这种状况被称为语法缺失。他们的理解力非常好，但是他们无法准确重复他人说过的话。威尼克失语症患者说话语速很快，而且语调优美，但是他们说的话往往无法理解，因为他们常常无法找到合适的词汇来表达自己想要说的话。面对这种情形，威尼克失语症患者可能会出现几种情况。一种情况是把要说的词语完全省

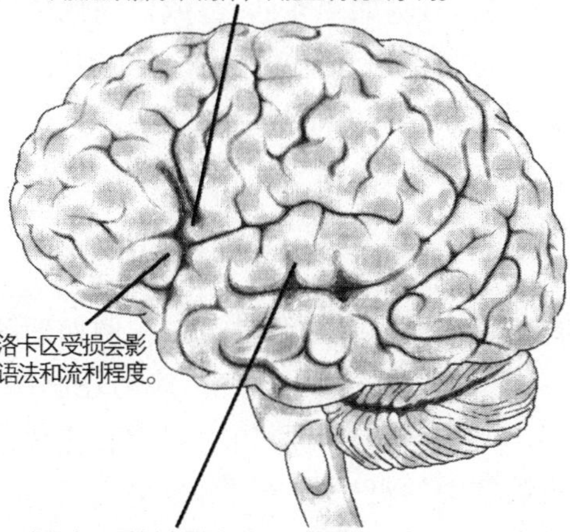

略。例如要表达“灯在桌子上”时，他们可能会说“桌子在下面，让我们那样假设”。第二种情况是用另一个词语代替他们想要的那个词语，这种行为被称为错语症。常用的一个策略是：用一个意义相关的词语替代，例如用“洞”代替“油炸面圈”，用“狗”代替“熊”，用“米奇”代替“老鼠”，或用“咬”代替“吃”。第三种情况是使用累赘的话语，即用迂回曲折的表达阐释想要说的词语，例如他们说“水从他的眼睛里流了出来”，而不说“他哭了”。其他情况包括窜改想要说的单词，例如把“hippopotamus(河马)”说成是“hipidomateous”；捏造一个单词，例如把“president”说成“headman”。有时，患者只是不会说某一特定类别的词汇，例如具体名词与抽象名词、有生命的物体与无生命的物体、水果与蔬菜、身体部位或颜色等。

你会因为找不到合适的词语而说“东西”或“玩意”吗？

虽然人们普遍认为威尼克失语症患者往往表达名词时更困难，而布洛卡失语症患者表达动词时更困难，但实际上是不能这么明确划分的：威尼克失语症患者在提取动词时也常常出现困难。对于威尼克和布洛卡失语症患者来说，动词提取问题常常更加严重，而使用名词的困难则相对比较小，因为人们常常可以用类属名词(例如“东西”)或代词代替想不起来的名词。

与布洛卡失语症患者不同的是，威尼克失语症患者常常不能理解他人说的话，而且会因此变得焦虑或多疑。但是，布洛卡失语症患者由于对自己的缺陷太过了解，因此可能变得沮丧、抑郁。

有些语言能力是右脑负责的，例如理解要点

虽然“典型”的失语症与左脑损伤有关，但是也有证据证明，右脑与另外一种语言能力有重要关系。右脑损伤可能会导致语篇能力的丧失——理解故事或笑话的主题，或者把叙述性的话语组织成结构完整、条理清晰的文章。

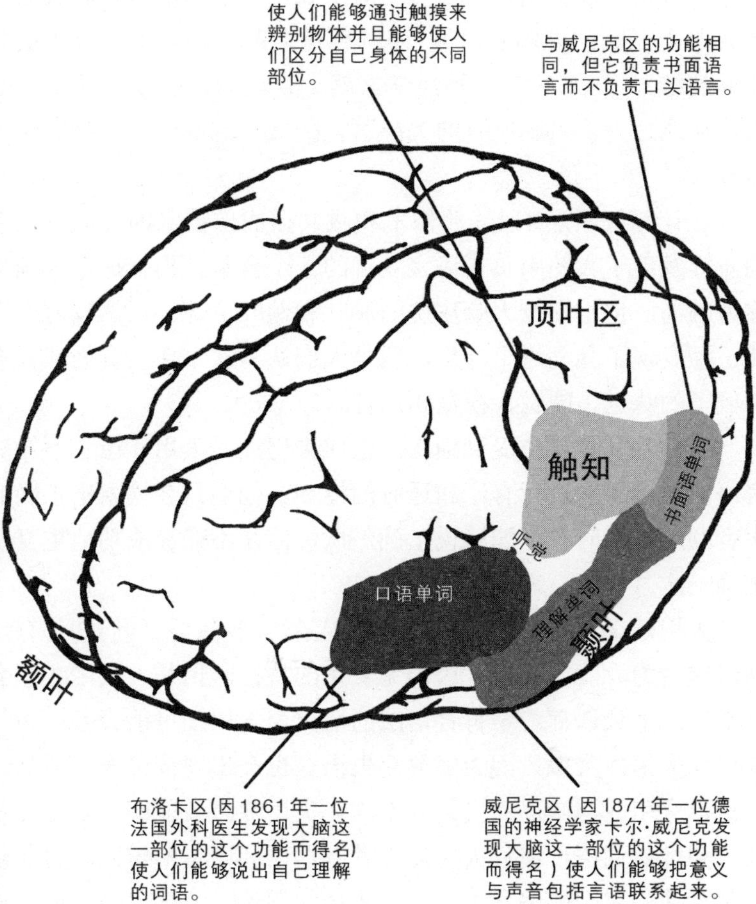

如图所示，大脑左半球的颞叶和顶叶区受损会引起某些特定语言能力的丧失，包括说话、书写、理解词汇的意义，而且会丧失通过触摸来辨别物体的能力。

一个全新的语言区域

一百多年前被确定为语言功能重要区域的布洛卡区和威尼克区就位于左脑的外侧裂沿线(外侧裂是把颞叶与其他大脑皮层分开的裂缝)。自那时起，神经学家就一直认为，除了刚才提到的语篇功能之外，大脑所有的关键语言区域一定都位于大脑的这个部位。

在计算机断层X射线照像术和磁共振成像技术的帮助下，新的研究发现了大脑中负责语言发音的一个全新结构。这个区域被称为脑岛，位于左侧大脑皮层的颞叶和额叶下部。虽然以前人们就已经发现了脑岛这个部位，但是人们认为它主要负责处理人类和猴子的味觉、嗅觉、视觉和声音。

脑岛的某个部位受到损伤会造成失用症。失用症患者不能对言语的肌肉组织进行有序和适时的控制。他们只会摸索出正确的声音顺序，有时甚至能够说正确一次，但是不能够成功地重复说正确一次。

失用症很容易与布洛卡失语症混淆，因为这两种病症都有说话缓慢费力、发音错误、语调无变化的特征。但是，失用症不会出现布洛卡失语症的不符合语法的情况。失用症可能会被认为与威尼克失语症类似，因为威尼克失语症也会出现词语发音混乱。但是，失用症与威尼克失语症不同，失用症患者能够正确地使用词语和理解词语，而且失用症患者对词语和语音的辨别能力非常正常，他们完全能够意识到自己错误的发音——这也是令他们相当苦恼的原因之一。

练习：令人困惑的言语

下列A、B、C 3个段落转录自4个大脑不同部位受损患者的回答。请将这3个段落与下面的3种病症搭配起来。

失用症：脑岛受损所致。脑岛是非常接近运动中心的一个区域，穿越大脑皮层的中部。它与言语肌肉的控制有关。

威尼克失语症：靠近大脑后部的一个区域损伤所致。这种患者能够很容易地想起词语，说话也非常流利，但是会无意中夹杂一些不恰当的词语。

布洛卡失语症：靠近前大脑皮层的一个区域损伤所致。患者理解词语的意义，但是不能使用动词和语法把有意义的思想组织在一起。他们语速缓慢、没有语调变化，说话很谨慎，内心充满忧虑。与威尼克失语症患者不同，他们能够意识到自己的缺陷。

A 给患者看的是一厨房场景的绘画，画中一位妇女没有注意到两个男孩正在偷她的饼干。当要求描述这个场景时，患者说："母亲离开了这里，工作她的工作，以使她自己感觉更好，但是当她看的时候，这两个男孩看另一部分。她又一次在工作。"

B 当患者被问起为什么又回到了医院，他说："是的……啊……星期一……啊……爸爸和彼得·霍根，和爸爸……啊……医院……和 ……星期三……星期三，9点钟和星期四……10点钟……啊……医生…… 两个……两个……一个……医生和啊……牙齿……呀，并且一个医生……一个女孩……和口香糖，和我。"

C 当要求患者说出词语"垫子"的时候，他说："噢，嗯，嗯……定金……嗯，嗯，嗯……凳子……我知道它叫什么，它是垫，嗯，不，它是，它是……定……定金……不。"当要求他重复单词"*catastrophe*"5遍时，他说："*catastrophe, patastrophee, t, catastrophe, catasrifrobee, aw sh..., ka, kata, sh..., sh...*，我不知道。"

提示： 一般来说，损伤部位最接近额叶的患者能够为表达的事情选择正确的词语，但他们的言语是断断续续的，因为他们不能把词语组成合乎语法的句子。

练习：语言受损

重新排列左栏中每个单词的字母，从而创造出中间一栏单词的同义词。把正确答案填写在右栏中。然后，将每个新词的首字母按顺序填写在底端的空格内，构成一个短语（不留字间间隔），这个短语与前面的一篇文章有关。

SCION	=	IMAGES	=	1. ______
KNEAD	=	DEFOLIATED	=	2. ______
JANES	=	DURABLE PANTS	=	3. ______
RUSES	=	MANIPULATORS	=	4. ______
LAGER	=	SUITABLE FOR A KING	=	5. ______
FINER	=	DEDUCE	=	6. ______
SITED	=	CUTS AND REARRANGES	=	7. ______
SNAIL	=	MURDERED	=	8. ______
CHARM	=	GREGORIAN 3RD MONTH	=	9. ______
TACOS	=	NECK SCARF	=	10. ______
GRAPE	=	BEEPER	=	11. ______
BRAIL	=	ZODIAC S SEVENTH	=	12. ______
SONAR	=	BAD LIGHT	=	13. ______
NERVE	=	NOT AT ALL	=	14. ______
SARGE	=	TOOTHED WHEELS	=	15. ______
SURGE	=	ENTREATS	=	16. ______
LATER	=	TO CHANGE	=	17. ______
LUGER	=	THIN PORRIDGE	=	18. ______
SPICE	=	OVERSIZED NARRATIVES	=	19. ______
IDEAL	=	SUFFERED	=	20. ______
DIRGE	=	RAISED GROUND	=	21. ______
LEASE	=	ART SUPPORT	=	22. ______
WAKES	=	OUT OF LINE	=	23. ______
CURBS	=	BACKUP PLAYER	=	24. ______
CANOE	=	ATLANTIC OR PACIFIC	=	25. ______
RIFLE	=	ADVERTISING CIRCULAR	=	26. ______
GABLE	=	CEMENT DOUGHNUT	=	27. ______
SPORE	=	LASSOES	=	28. ______
BLAME	=	SAUNTER	=	29. ______
TRINE	=	INACTIVE	=	30. ______
STONE	=	MARGINALIA	=	31. ______

	1 _	2 _	3 _	4 _	5 _	6 _	7 _	8 _	9 _	
10 _	11 _	12 _	13 _	14 _	15 _	16 _	17 _	18 _	19 _	20 _
21 _	22 _	23 _	24 _	25 _	26 _	27 _	28 _	29 _	30 _	31 _

提示：这个短语是"Injuries map language areas of brain"。

女性比男性的语言能力更"平衡"

关于人类行为表现性别差异的原因有无数种观点，这些观点常常被简单地沿着两条界线被划分开："先天本性"与"后天教养"。男人来自火星，女人来自金星。是因为男人和女人天生就不同，还是因为社会使他们变得不同了呢？

与大多数事一样，这里的正确答案好像只能折中。虽然许多性别差异是由文化因素决定的，但是我们对大脑的结构和机能了解得越多，就有越多的证据表明这其中的某些差别有着天生的生物学基础。

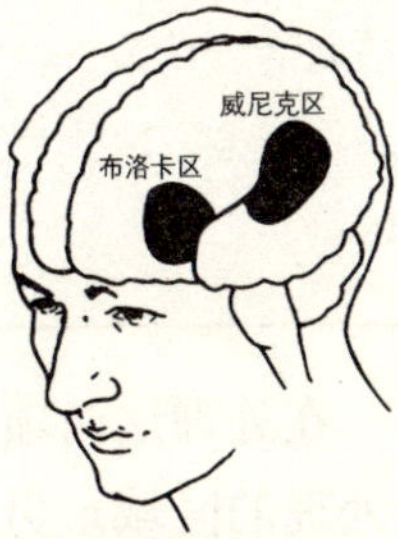

左脑内的两个区域一直被认为是处理言语的主要区域。额叶内的布洛卡区把想法转化为语言。位于颞叶和顶叶内的威尼克区把言语转化为想法。

现在我们大家都知道大脑的"语言区域"位于左脑。最近的一项实验表明，这种说法用在男人身上可能要比用在女人身上更加确切。当男人把词语分解为可辨别的音素时，他们主要依靠大脑左侧的前脑回下部(专门负责语言的一个大脑区域)。当女人做这同样的语言任务时，她们几乎平衡地使用大脑的两个半球。

这个重要的发现随着磁共振成像这一新技术的发展而得到了确证。磁共振成像能够显示大脑在做某一特定任务时各部位的活动情况。

这个实验挑选了19位惯用右手的男性和19位惯用右手的女性作为研究对象。实验要求受试者对节奏作出判断，让他们确定两个毫无意义的词语是否押韵。因为这两个词语是写出来的，所以受试者不仅要对词语进行视觉和拼写(字母辨认)的处理，而且要把字母序列组合成音位(声音)表象。此外他们还有一项任务：判断两组字母的大小写交替模式是否相同。

分离出“语音”区域

当你判断写出来的词语是否押韵时，大脑中负责“语音”和“阅读”的部位都会被激活。当辨认字母时，只有“阅读”部位被激活。从第一项任务中除去第二项任务，你就会得出“语音”区域。

判断押韵：下面这两个单词押韵吗？ *flink / srink*

辨认字母：下面这两组字母序列的大小写交替模式是否相同？ *dDDDdddDddDdddd / rRRRrrrRrrRrrrr*

在处理这两项任务时，大脑被激活的不重合区域就是负责语音处理的区域。男人左右脑这一区域的激活比率是11.7:5，而女性的比率相对比较均衡，是9.4:12。

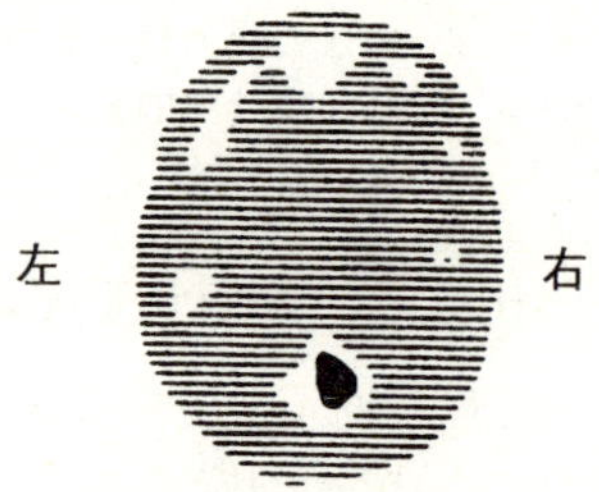

一个右脑主导型的人在不思考时的脑部活动图

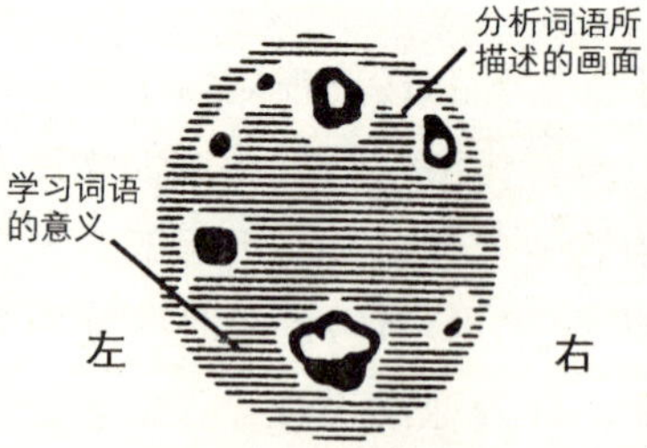

同一个人听广播故事时的脑部活动图

男性主要在左脑处理语言

这个发现为科学家们的假设提供了直接的证据，即男人的语言功能比女人更偏向于一侧分布。这有点类似惯用左手者与惯用右手者的情况：惯用左手者的语言能力比惯用右手者更加均衡地分布在大脑的两个半球。这就意味着，如果左脑受到损伤，那么因此而对惯用左手者造成的语言能力丧失则不会像对惯用右手者那样具有永久性。但是，惯用左手者的空间感知能力不是很强，这可能是因为语言能力在两个半球的分布事实上取代了某些依靠右脑的功能，例如对空间关系的判断和格式塔(完整形态)的感知。

女性和惯用左手的男性对形状和空间的感知能力比较差

在某些空间关系测试中，女性和惯用左手的男性的表现比惯用右手的男性稍微要差一点，而且这与文化因素无关。这一点促使人们推断，女性的语言能力在大脑两个半球的分布情况可能和惯用左手的人相同。一些新的发现确证了这个推断。

虽然在这个实验中，男性和女性在完成这些任务时没有出现重大差别，但是性别差异对于每个性别都有利弊。惯用右手的男性的语言能力主要由左脑负责，但是他们的右脑空间感知能力会处于比较高的水平——他们既能见树木又能见森林。事实上，这也是人类大脑偏侧化发展的主流理论。

女性不会因为中风而导致终生语言能力丧失

女性的语言能力在大脑的两个半球有比较均衡的分布，这一点能够使她们在出现问题时表现出更高的灵活性。例如，在出现中风或大脑损伤后，女性更有可能恢复语言能力。这也可以说明为什么女孩比男孩在克服包括诵读困难在内的阅读障碍方面比较容易。

练习：词环

说明：在下面圆环内要填的11个单词中，每个单词都会导向另一个单词，词语之间相互引导或重叠。如果你找到一个恰当的单词作为开始，那么完成其他10个相互重叠的单词应该不会有太大的困难。请根据下面相对应的线索完成这11个单词。

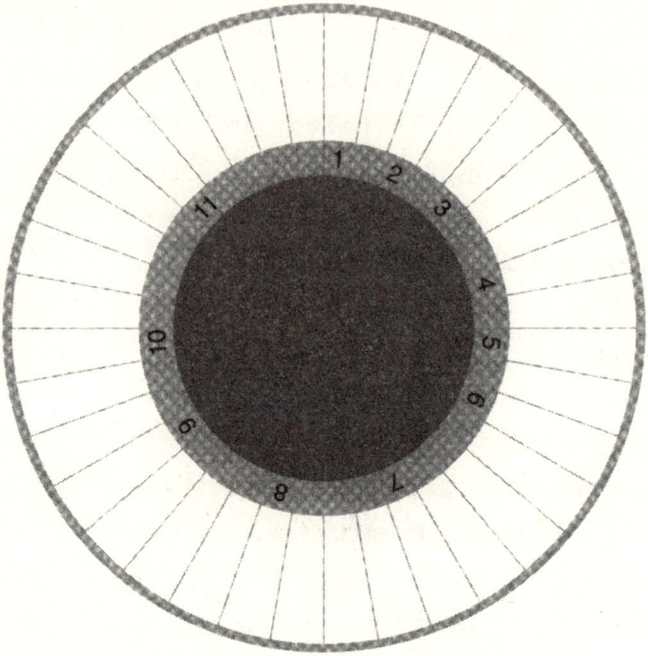

1. 芦苇
2. 一个人的名字
3. 车库
4. 特务
5. 完整的
6. 无聊的
7. 某人
8. 车身制造
9. 工作的
10. 牙买加首都
11. 削发

提示：一个人的名字是Edgar。

皮质醇对大脑的损害就如同胆固醇对心脏的损害一样

神经科学家正在寻求一种方法来阻止老年人认知能力的丧失。最近的一项研究表明，皮质醇激素高于正常水平与老年人临床症状不明显的认知能力缺陷有关。实验对一组健康的老年受试者血液中皮质醇水平进行了测试，然后又测试了他们的一系列认知功能，包括记忆力、注意力和语言能力。皮质醇水平相对较高以及四年期间皮质醇水平一直上升的受试者在进行记忆力和注意力测试时得分最低。然而，皮质醇水平下降的老年受试者在完成认知任务时的表现与健康的年轻受试者的表现一样好。而且，有证据表明，高水平的皮质醇与痴呆症有关系。痴呆症是老年人中一种常见的认知能力丧失疾病，早期症状表现为不能回忆起最近发生的事情以及朋友的名字。

皮质醇是如何损坏记忆力的

在面临压力的时候，我们都有过不能够清晰地思考、学习或记忆东西的经历。这其中的一个原因是，在有压力的情形下释放出的皮质醇降低了供给海马和大脑其他部位的血糖能量。如果海马短时之内失去作用，那么短时记忆就不能够产生，因此我们会感到神志不清。

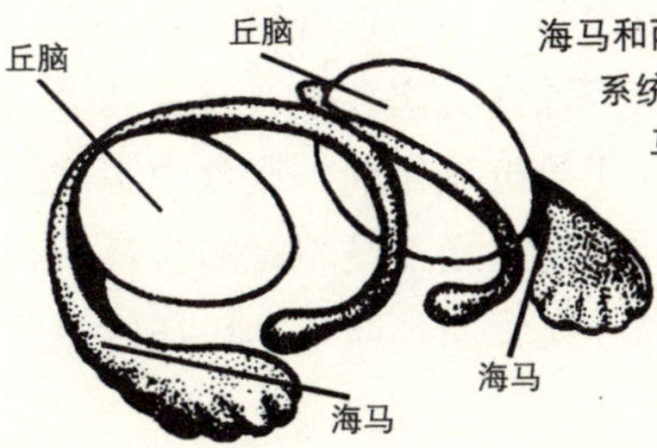

海马和两个状似鸡蛋的丘脑是最基础的大脑“边缘系统”。情感和永久记忆在此激发和提取。海马对于人类学习事物、事件和思想非常重要，因此，海马的损伤会影响记忆力。如果没有海马，那么大脑就不能够学习新信息，也不能够提取以前学过的信息——高皮质醇的受试者就会表现出这种记忆力的丧失。

处于压力之下神志不清的另一个原因是，皮质醇干扰了大脑的神经传递素，阻止铺设新的记忆通道并从长期记忆中提取信息。这就是为什么考试或演讲中面对压力的时候，你很难记起信息。其中与记忆力形成有关的一种最重要的神经传递素，就是乙酰胆碱。

过量的皮质醇甚至会引起神经细胞摄入过多的钙，刺激“自由基”的生成，从而杀死脑细胞。自由基是对大脑和身体有损害的分子，因为它们能够毁灭脑细胞和其他神经细胞。

如何才能降低皮质醇水平和延长大脑寿命

因为肾上腺产生皮质醇是由于受到压力的刺激而引起的，所以长期面对压力将会杀死脑细胞，甚至会加快老年痴呆症的发作。学会缓解生活中的压力以及控制对压力的反应不仅会使你感到更加舒服，而且还有利于你的大脑保持良好的工作状态。瑜珈、静思、生物反馈等缓解压力的方法都可以帮助你保持健康的认知水平。

经常性的有氧运动也能帮助你延缓大脑的衰退。身体健康的人常常对压力的反应比较缓和，因此他们的皮质醇水平往往比较低。而且，半个小时充满活力的有氧运动会有长达几个小时的安神作用。体育运动还能够增加脑部的血流量，从而有利于保持清醒的头脑，而且能促使神经传递素的释放，从而使人保持良好的情绪和记忆力。

因为过量的皮质醇还会产生自由基，所以你可以适当地通过饮食来补偿皮质醇对大脑的损害，保证你的饮食中有充足的“自由基清除剂”，包括维生素A、C、E等抗氧化剂。饮食中胆碱的充分摄入有助于保证记忆形成的神经传递素乙酰胆碱的含量。胆碱的重要来源是卵磷脂。作为一种补充食品，卵磷脂在任何保健食品店都可以买到。

练习：不可构建的结构

有时候，我们就是无法问一个完全合乎逻辑的问题，这不是因为它不符合社会传统，也不是因为它毫无意义，只是因为我们头脑中的语法不会反映隐藏于其下的结构。这里有一些你从来就不曾听到的问题。设法理解这些句子的感觉就如同应用一门非常奇怪的外语一样。这种练习对于挑战工作记忆能力非常有用。工作记忆对于保持老年人的语言能力非常重要。你能够理解这些问题的意思吗?

1. 你和谁和你的妈妈谈话?
2. 你知道谁是否和你的妈妈谈话?
3. 你和那个已嫁给谁的妇女谈话?
4. 你知道谁做了这件事让约翰感到心烦?

有些句子大体上还可以成立，但是它们一般不被常用，因为它们所依赖的结构让人们处理起来太困难。如果努力去理解，你也能够读懂它们，但是所付出的努力相较日常理解来说太难了点。试着把下面的例子转化为正常的句子。

5. 这就是你昨天谈话的那个男人抛弃的那个女人。
6. 这就是你看见的同你昨天遇到的那个女人谈话的那个男人停的车。
7. 这就是理查德把你在其中从头到尾阅读指示的那个房间里的那个包裹邮寄给的人。
8. 昨天你见到的那个家伙遇到的那个人告诉你关于我不喜欢你的事实是烦人的。

更多不可能：
如果牵涉到的不止是盒子的数量，那么你将怎样问下面的问题?

9. How big (of) a box do you need?（你需要一个多大的盒子？）

怎么把下面的被动句变为主动句?

10. He was rumored to be a Mafioso.（他被谣传是黑手党成员。）
11. She was reputed to be rich.（她被认为很富有。）

自我测试：大脑的语言能力

这可以用作一个快速、简单的语言敏感度测试，或者用于测试与年龄有关的认知能力衰退的症状。让一个朋友测试你，或者你来测试一个担心自己智力状况的朋友或家人。

1. 告诉你的朋友，你需要她逐字逐句地重复一个短句。然后，大声朗读下面的一句话：
   “如果你不会做饭，我就立马辞退你。”
   A. 她不能正确地重复。
   B. 她第一次犯了一个错误，但是第二次就说对了。
   C. 她第一次就做得非常完美。

2. 说出一个常见的类别，例如水果、动物或蔬菜，然后要求你的朋友在1分钟内列举出尽可能多的属于这一类别的东西。
   A. 她只能说出10个或更少。
   B. 她只能说出11~15个。
   C. 她能够说出16个或更多。

3. 解释说你要大声朗读一个句子，要求她逐字逐句地把这个句子写下来。使用下面的这个句子（或者从报纸上选择一个长度和难度类似的句子）：
   “新的扫描方法已经帮助人们确定了许多大脑功能区域。”
   A. 她根本写不下来，或有许多错误。
   B. 她写的有几处错误，但两个句子基本一致。
   C. 她写的没有任何错误。

4. 收集6件相似的物品，例如开罐器、螺丝锥、钥匙、曲别针、图钉、鞋带。依次指着一件物品，让你的朋友在几秒钟之内说出它们的名字。
   A. 她只能正确说出两个或更少。
   B. 她犯了几个错误，例如把鞋带说成是“绳子”。
   C. 她说的全部正确。

选A得1分，选B得2分，选C得3分。

总分：

7分或7分以下：你可能需要做一个专业评估。

8~10分：你有轻度认知能力衰退的迹象。你应该努力保持心智健康。

11~12分：你的认知能力状况良好。继续保持！

在小孩还不会穿袜子的时候，她又是如何学会说复杂的语言呢?

养过孩子的人都知道语言的学习是一个神秘、甚至让人不可思议的过程。一个4岁的小孩可能还没有学会系鞋带，也不会独立上厕所，却已经掌握了她所接触的语言，无论是英语、阿拉伯语还是斯瓦希里语，而且对于她来说可以算是能够流利地说出了。对于一个以英语为母语的成年人来说，要把阿拉伯语或其他外语精通到那个程度可能需要付出多年的努力，而且许多成年人无论花费多长时间、无论多努力也不可能达到流利的程度。显然，在婴儿时期，我们有某种语言学习能力，只是随着我们的长大，这种能力丧失了。了解这种能力的详细情况——它从哪里来、持续多长时间、分几个阶段、是由什么生物特性决定的——是心理学和语言学研究的交叉领域，被称为心理语言学。

这里的核心问题是，是否人类天生就有一个专门负责学习语言的大脑功能？还是说这个大脑功能不仅负责语言的学习，也负责其他知识的学习？毫无疑问，婴儿在其所处的环境中并不是只做语言学习这一件事。

至少有两个证据证明了这一点。一个证据是，我们似乎天生就有一个语言学习的“机会之窗”（见205页“学习语言的机会之窗在青春期关闭”）。另一个证据是，某些方面，语言发育在所有孩子身上都表现出了惊人的相似。

从发出牙牙声到说出完整的句子，所有孩子在学习说话的时候都要经历几个可预测的阶段

大约从4个月到6个月大的时候，婴儿会发出几个简短、孤立的辅音和元音，而且还会发出咔嗒声、咕咕声、呼噜声、呜咽声，常常与任何语言中的任何语音都不像。在大约6个月时，他们开始进入所谓的“牙牙学语”阶段——发出重复性的辅音加元音序列，但还几乎不会发出元音加辅音序列，例如他们会发出

"KOO"音，但不会发出"OOK"音(一项有力的证据表明这个行为是天生的，甚至先天失聪的婴儿也在大约同样的年龄段开始牙牙学语，而且发出的音节结构也相同。但是，与有听觉的儿童不同的是，他们在过了牙牙学语阶段之后还会继续牙牙，有时一直持续到6或7岁)。在接近1岁的时候，婴儿储备的音节数增加了，不仅有辅音加元音的序列，还有辅音加元音加辅音和元音加辅音的序列。牙牙的音节序列逐渐重复得少了，有了更多的变化。

无论母语为何，所有婴儿的牙牙方式都一样

婴儿在牙牙学语阶段使用的语音是普遍的，完全不受他们所处的特定语言环境的语音的影响。所有的婴儿都喜欢发爆破音(即以字母p、t、k、b、d、g所代表的音)、鼻音(尤其是m和n)、滑音(w、y)和"h"音。对于爆破音，浊音比清音更常见；靠近声带前部的音(例如b、d、m、n)比靠近声带后部的音(例如k、ng)更常见(但是，在前牙牙学语阶段，后爆破音比较常见)。他们最不喜欢发摩擦音(s、th、f等)、塞擦音(ch等)和流音(r、l)，但是如果婴儿确实发了这些音中的其中一个，那么这个音可能是她父母语言里不存在的(例如，父母说英语的婴儿发出一个德语中的软腭摩擦音"Ach")。在牙牙学语阶段最常见的元音是单词"lot"中的元音，这可能是因为这个音不需要使用舌头或面部肌肉就能够发出，也不需要太多练习。

婴儿在早期阶段普遍偏爱这些发音，也许能够解释为什么某些发音会普遍出现在不同语言的词语中(或者说更常出现的是"婴儿"用语)，例如英语中用于指称"父亲"和"母亲"的词汇"papa"和"mama"在其他语言中也有类似发音的词汇。这一点以及孩子牙牙学语的偏好使得父母错误地认为孩子学会说的"第一个单词"就是"爸爸"或"妈妈"，而且他们还为此觉得非常高兴。

全世界的婴儿都在牙牙合唱

全世界所有的语言中，称呼“爸爸”和“妈妈”的词语的发音都非常相似，这绝不仅仅是纯粹的巧合。这一点是无法用遗传来解释的，因为毫不不相关的语言都表现出了这些相似性，例如汉语和英语。从某种程度上来说，某些发音的重复出现与婴儿在牙牙学语阶段的发音器官受到限制有关。爆破音和鼻音（例如p、m）比其他辅音更受到婴儿的偏爱；前辅音（p、b、t、d、m、n）比后辅音更受到婴儿的偏爱。

让人更不解的是，为什么在称呼“妈妈”时鼻音（m、n）如此受到青睐，为什么在称呼“爸爸”时爆破音（p、b、t、d）如此受到青睐。当然也有例外，前苏联有一种格鲁吉亚语（一种高加索语言），发音mama表示“父亲”的意思。无论如何，鼻音与“母亲”和爆破音与“父亲”有某种语音——符号联系。

语音符号——某种语音与某种意义之间的“自然”联系——是语言中用词语指称事物的微妙但真实、有趣的激励因素。另一种普遍的语音符号倾向是用高前元音（例如teeny中的元音）指称小的东西，用低元音或后元音（例如large或huge中的元音）指称大的东西。根据普遍的语音变化过程中“主要元音转移”，中世纪发音类似teeny的一个英语单词变成了现代英语中的tiny——高前元音变成了后元音。非常有趣的是，虽然tiny这个单词中的元音不太符合其新的语音符号特点，在语言中，它仍然用于描述非常小的东西，但是人们已经“复兴”了单词teeny中的高前元音——它只是对于许多说话人来说（尤其是儿童），用于表示一个小的东西时更恰当，例如“bikini（比基尼）”。

练习：妈妈和爸爸

世界上各种语言环境中，儿童们对于“妈妈”和“爸爸”这两个单词的发音非常相似，这绝不仅仅是一件偶然的事情（见199页“全世界的婴儿都在牙牙合唱”）。

下面列举了来自8种语言的16个单词，其中一个表示“妈妈”，另一个表示“爸爸”。

这个练习的任务是要你辨认出哪个单词表示“妈妈”，哪个单词表示“爸爸”。为了测试你的语言地理学知识，请在下面地图上指出每种语言所说的地区。这8个地区已经用字母A到H标注了出来。

1. 威尔士语	*mam* *tad, tada, dad*	5. 汉语	*pa pa* *ma ma*
2. 希伯来语	*aba* *ima*	6. 达科他语	*ena* *ate*
3. 斯瓦希里语	*mama* *baba*	7. 土耳其语	*annecigim* *baba*
4. 泰米尔语	*ammaa* *appa*	8. 格陵兰语	*anaana(q)* *ataata(q)*

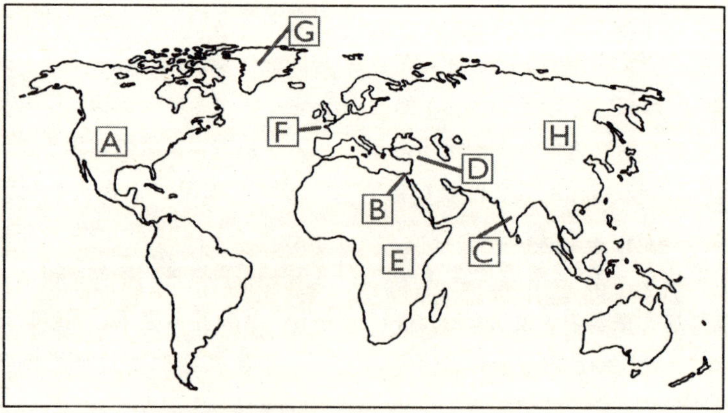

提示：记住鼻音普遍上与“妈妈”这个词语有关。

婴儿教育

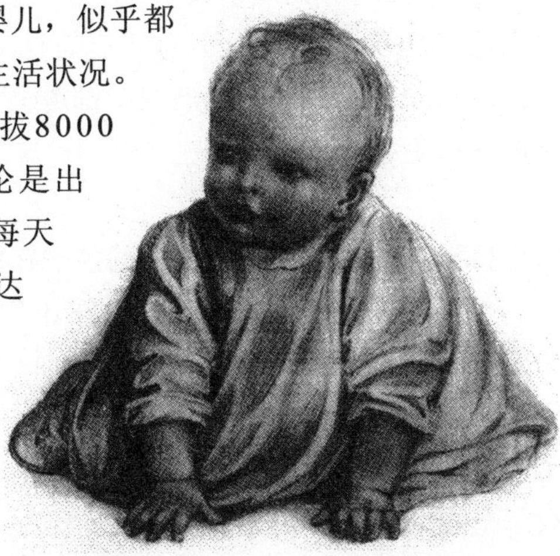

无论在哪里出生的婴儿，似乎都能够适应自己所出生的生活状况。例如，无论是出生在海拔8000英尺，还是0英尺，无论是出生在第三世界国家——每天摄入的热量大大低于发达国家贫困人口所摄入的量——还是出生在罕见疾病的发生地，他们都能够适应。分子生物学家杰拉尔德·埃德尔曼跟踪婴儿出生前免疫系统发展抗体的全过程，这些抗体将抵御出生后婴儿可能遇到的疾病。

埃德尔曼运用其中的一些发现创建了一种所谓“神经进化论”理论，用于解释新生婴儿的大脑是如何快速掌握那么多信息的。以语言为例，语法规则相当复杂，而且就像每种语言有不同的词汇一样，不同的语言有不同的语法规则。作为一个成年人，我们都知道学习一门新的语言是多么的困难。然而，新生婴儿的大脑是如何解决这些难题的呢？

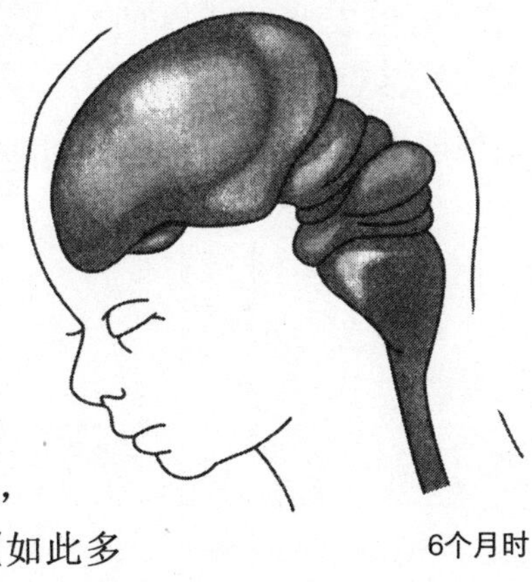

6个月时

埃德尔曼认为，胎儿大脑的各个区域布满了神经细胞，只要接触外界事物，这些区域就能够帮助婴儿掌握各种技能。例如，当新生儿试图做什么事情的时候(比如在地板上爬着去拿饼干)，引起身体运动的神经细胞就“聚集”在一起，从而帮助他向前移动去拿饼干(如此多的神经细胞都准备着致力于新任务可以帮助我们理解，为什么一个3岁的小孩能够比一个成年人更快、更流利地说一门外语）。那些引起其他随意动作但不为期望的目标服务的神经细胞则会死掉。成长的大脑有数十亿的细胞都遵循一个共同的原则："只有使用才能生存。"

当心自己说的话，你那未出生的孩子在倾听

学习词语的发音可能在婴儿未出生前就开始了。一群怀孕8个月的准妈妈被分为3个实验小组。每个小组的妈妈每天都为自己未出世的孩子大声朗读摘自同一篇由3段话组成的童话故事中的其中一个段落，3个小组所阅读的段落各不相同。这个活动持续了一个月。孩子出生两天之后，给他们每人一个特殊的奶嘴，这个奶嘴允许婴儿调节吮吸速度但不改变奶流量。

同时每个婴儿都戴上一个耳机，听他们在出生前录制的母亲所读的3段文章的录音（不只是他们出生前听的那一段，而是3段都听）。这个特制的奶嘴被连接到这个录音机，从而婴儿可以根据吮吸速度的改变来选择听哪一个段落。结果表明，所有的婴儿都喜欢听出生前母亲给他朗读的那一段。

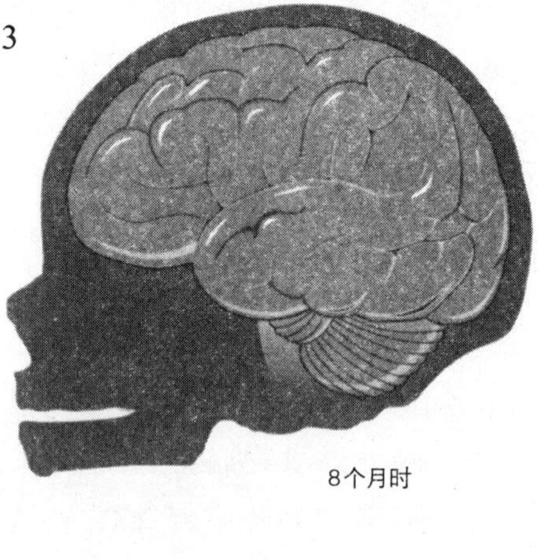

8个月时

婴儿在一岁左右告别牙牙学语阶段，开始说可以听得清的字词

有时在词语形成阶段到来之前要经过一个“沉默期”（这可能会引起父母的极大焦虑，也可能会让父母感到宽慰，这要视具体情况而定）。

一般来说，孩子在6个月之内就已经有大约50个单词的词汇量了。此后他们开始进入“两个词”阶段。他们早期的多词语言有时被称为是“电报式”语言，因为他们就像我们发电报时一样，总省略一些类似the、is等词语。过了这个阶段之后，孩子的语言学习会进入一个突飞猛进的阶段。

小孩长到大约3岁的时候，开始会说一些结构比较复杂的句子，例如关系从句“the dog that bit me(那只咬过我的狗)”。到4岁的时候，小孩开始掌握一种与成年人大体相同的语法了——“真正”意义上的语法，不是人为规定的诸如“不要以一个介词结尾一个句子”或“不要把一个不定式分开”等语法规则。

然而，我们不能夸大小孩这种可预见的发展程度。实际上，不同的小孩之间是有差别的，一个6个月就开始进入牙牙学语阶段的小女孩，她的弟弟等到12个月才进入同一阶段。但是，除了那些有特殊缺陷的孩子之外，其他孩子都是在这些参数之内按部就班发展的，语言的学习一般都要经过这些阶段。从这些方面来看，语言学习类似于人类和其他物种的有一定生物发展顺序的行为，例如学习走路或飞翔。

当然，这其中还有一些有待解决的问题，比如，与婴儿的生理发育相比，这些语言发展阶段由大脑语言区域所决定的程度到达了哪一步——尤其是与婴儿声带的结构和发育相比。婴儿在能够重复父母语言之前可以牙牙几个月，这可能只是因为婴儿的大脑还没有发育完全。有两个重要的神经网络与听觉分析、命名物体以及把词语与意义联系起来的能力(威尼克和相邻区域)和言语运动输出(布洛卡区)有关；这就意味着，6个月大的婴儿可能神经发育还不完善，还不能够掌控和模仿成年人发出的语音。

学习语言的机会之窗在青春期关闭

主张大脑语言“模块”是天生的这一说法，与“关键期”这一概念有关。在孩子6个月到青春期之间，有一系列语言学习的机会之窗，过了这个时期，语言学习能力就会受到削弱。

虽然对于每个机会之窗的开放时间有争议，但是有一点似乎可以确定，即在青春期之前，人们可以相对轻松地学会他们所接触到的任何一种语言或多种语言，而且可以学习得像自己的母语一样流利。大约过了12岁之后，学习语言就相当难了，即使第二语言的词汇和用法都正确而且也很流利，但语音始终会带有一点母语的影子，比如亨利·基辛格的演讲。有些儿童由于某种原因在关键期没有学习任何语言(见210页“禁止试验”)，这些少有的案例表明，过了这个时期之后，他们即使连自己的母语也不能讲流利。

为什么我们不能让这个机会之窗一直开着呢？

大多数人都曾经希望我们在婴儿时期多接触一些语言，或者希望我们能够重新获得年轻时的语言学习天赋。我们为什么要有一个关键期呢？

从本质上讲，这件令人沮丧的事情，其原因与大多数成年人无法消化奶制品的原因相同：如果一种酶，或者一种神经回路，过了生命早期的一个阶段之后就没有必要了，那么它就会关闭或者被利用作其他用途。语言学习的神经回路特别适合分解或循环利用作其他用途，因为大脑要消耗大量的氧气、能量和营养。儿童在出生后的几年里，除了还要学习一些词汇之外，已经完成了母语的学习。此后如果还继续把学习结构和发音的庞大神经回路一直闲置着保持到成年，那么就是在浪费宝贵的身体资源。除了那些在语言功能中仍然发挥作用的脑细胞之外，儿童用于发展语言能力的大量多余的脑细胞最终似乎都会变得无用。

这就是说，如果有语言学习课程承诺说，通过你学习母语的“听与学”的方式帮助你同样轻松地学会一门外语，那么你就要警惕了。成年人的第二语言学习一定比儿童的语言学习需要更多有意识的努力和策略。

“阅读早慧”：儿童语言智力发育滞后，但读写能力早熟

多数儿童在上学前很轻松地就学会了口头语言，而且不需要有意的教授，之后需要花费大量的时间和有意识的努力才能学会读写。但是，有一些孩子似乎正好反了过来，口头语言能力还没有达到正常水平，他们就会读写了。这些孩子被称为“读写早慧症患者”，他们可能几乎完全不会说话，语言和其他智力发育中度或严重迟缓，但是他们的阅读和写作能力远远超过他们的同龄人。大多数情况下，他们的阅读能力似乎是突然自发产生的，没有父母有意识的教导。

文献中曾经记载过这样一个案例。一个5岁半的孩子由于有严重的行为和发育问题被收入加州大学洛杉矶分校的神经精神病学研究所。她没有语言表达能力，但是有很高的阅读能力（事实上，她回答认知测试问题的唯一方式就是指向书写的答案）。她对书面命令能够作出很好的反应（这与大多数5岁的孩子形成了鲜明的对比，其他孩子只能对口头命令有反应，对书面命令根本没有反应），而且她可以像读儿童故事书一样阅读医院的图表。她还自学了打字，偶尔还用这个技能来回答问题。

练习：童言

儿童要学会像成年人那样使用一些简单的“概念”词汇，需要经过相当长的时间。

下面的5对句子分别使用了单词really, have to, still, since, while的两个不同意义。小孩一般会毫不犹豫地辨认出其中的一个意义，但不能够说出另一个意义。这并不是因为整个句子的内容，而是因为词汇在其中所使用的意义。儿童可能在很小的时候学会了这些词汇，但是它们只被用作某一个意义。其他意义是在以后才学习到的，这也是为什么年龄偏大的孩子说话语气更像大人。

下列A、B两种用法哪一种对于小孩来说不那么自然?

1. A. *Daddy is really Santa Claus.*（爸爸真的是圣诞老人。）
   B. *Really, I don't think you should say that.*（说真的，我认为你不该说那种话。）

2. A. *He has to be Santa Claus I saw him wearing a red hat.*（他肯定是圣诞老人——我看见他戴着红帽子。）
   B. *He has to go now.*（他现在不得不走了。）

3. A. *Still, I think you're wrong.*（但是，我认为你错了。）
   B. *Are you still up?*（你还没睡吗？）

4. A. *He's been here since Friday.*（他从星期五起就一直在这里。）
   B. *Since you're eating all the cookies, I'll drink all the milk.*（因为你吃了所有的饼干，所以我要喝完所有的牛奶。）

5. A. *I'll fetch the cookies while you fetch the milk.*（只要你去拿牛奶，我就去拿饼干。）
   B. *While I like cookies, she likes milk.*（我喜欢饼干，但她喜欢牛奶。）

提示：后学到的那个意义由于缺少一个更好的词语来表达，因此常常比较抽象。

练习：语言学习的阶段

请将下列11个发音、单词和句子（1~11）与儿童语言发展的4个阶段（A、B、C、D）搭配起来。

阶段：A：牙牙学语（6个月）；B：首批词语（1岁）；C：早期多词言语（2岁）；D：比较复杂的句子（3岁以上）。

发音和词语：

1. 你能帮帮我吗？（*Will you help me?*）
2. 嗨！妈妈，裤子掉了（*hi mama, pants off*）
3. 你为什么笑？（*Why you smiling?*）
4. 巴巴巴（*bababa*）
5. 哇哇（*wawa*）
6. 他卡出了，我把他弄出来了。（*He was stuck and I got him out.*）
7. 加饼干（*more cookie*）
8. 妈妈（*mama*）
9. 牛仔做什么？（*What cowboy doing?*）
10. 娜娜（*nana*）
11. 我想要妈咪拿的那些。（*I want the ones that Mommy got.*）

练习：组词游戏

请将每栏字母填入下面对应的竖行空格中，但不一定按顺序依次填写。填写完所有的空格之后，横向将组成一个前面文章里出现的一个句子或短语。

	H	C	L	L	S	P	S	L	A	T	G	P	U	B	E	S	T	Y
	A	L	I	O	O	I	P	O	C	A	U	L	A	I	N	R	O	E
		O	F	C	R	N	A	I	A	N	L	U	W	G	Y	D	L	O
		S	E	A	R	E	T	N	R	T	F	N	I	E	E	T	T	W
T		E			Y				D				U	T	N			Y

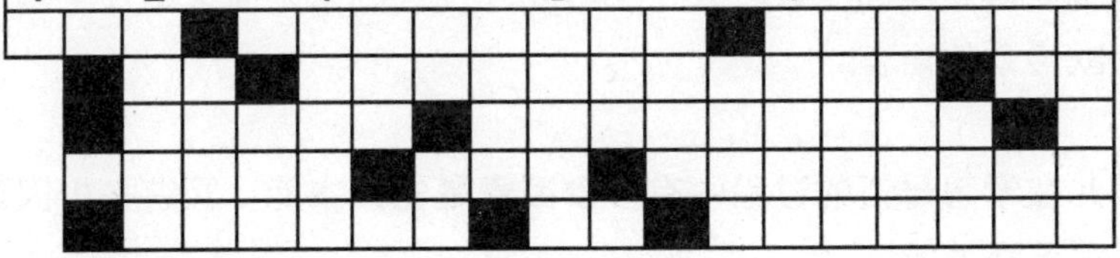

提示：第一个单词是the，最后一个单词是puberty。第三栏的字母按照e, o, l, s, c的顺序依次进入下面的空格。

禁止试验：孩子被剥夺语言刺激后将会出现什么情况？

有人类历史以来，人们一直都想知道：如果让一个小孩完全脱离周围语言的影响，那么他将会发展出一种什么样的语言？根据公元前5世纪希腊历史学家希罗多德的记载，公元前7世纪的埃及国王普萨姆提克一世曾决定做一个实验，来一劳永逸地解决这个谜题。普萨姆提克将两个刚出生的婴儿从他们的母亲身边带走，放到一个偏僻的小屋里，由一个牧羊人照看，并要求牧羊人不能对孩子讲一句话，而且让他特别注意小孩所发出的第一个声音。这两个婴儿长到大约两岁的时候，有一天牧羊人做完一天的工作之后回到小屋时，听到小孩发出类似“bekos”的声音。由于bekos是佛里吉亚语中表示“面包”的一个单词，因此普萨姆提克就得出结论，说佛里吉亚语一定是世界上的第一种语言。佛里吉亚语是亚洲少数民族在土耳其入侵者到来之前说的一种属于印欧语系的语言。

婴儿在学习母语的过程中有多少因素是先天本能，又有多少因素是后天环境？

普萨姆提克的实验方法和结论显然有许多不足之处，其中有一个非常明显的基本问题有待解决：语言学习有多少因素是“先天”的，又有多少因素是“后天”的呢？如果不受外界的任何影响，仅仅靠遗传来发展语言能力，那么情况又会怎样？

出于伦理道德原因，现今没有谁可以真正在人类的小孩身上做一个实验来回答这个问题。然而，有些意外发生的悲剧事件却为我们了解这个问题提供了一些信息。有些先天失聪的儿童由于父母的疏忽而没有机会学习手语，甚至被阻止使用手势来表达自己的思想，那么这些孩子就有可能在没有真正学习过语言的情况下度过母语学习的机会之窗开放的时期，而且很有可能终生无法学习语言。

“野”孩子指那些出生后遭遗弃但被野生动物养大的孩子，例如狼孩

当被其他动物养大的“野孩子”在旷野中出现的时候，他们发出的任何声音都与他们“养父母”的声音一样，例如他们会发出呼噜声、嚎叫声、咆哮声。甚至连人类某些先天的生物特性都可能会丧失，例如直立行走、手指和拇指相向抓握东西、表现出对冷热的敏感性。相反，野孩子可能会四肢着地行走或奔跑，会用手扒或搔，徒手从火堆里往外拿土豆，或赤身裸体在雪地里跳跃。这就表明，无论我们先天具备何种包括语言在内的许多人类能力的基因蓝图，如果没有适当的环境模式，那么这些基因就无法显示其特性，类似人类语言的任何能力都无法获得；或者说如果没有相关环境的输入，那么这些基因蓝图也就无法显示其影响。如果后一种结论是正确的，那么语言的发展就非常类似视觉的发育：如果一只刚出生的猫被蒙上一只眼睛，那么这只眼睛将永远无法发育成一个视觉器官；即使日后把蒙的布去掉，这只猫的那只眼睛仍然看不见东西，而且将终生如此。

对于人类任何器官的发育来说，能够在适当的时期接触到适当的刺激是非常重要的。这并不是说，眼睛的视觉能力仅仅依靠外界刺激而不需要天生的生物结构就可以发展了，而是说，“先天”和“后天”或“经验”和“理论”之间的划分并不是特别清晰，甚至有时也不像我们所认为的那样真实。

语言同样也有关键期。一旦超越了这个关键期，语言学习将会变得非常困难，而且很可能不会成功。我们对这个机会之窗（大约12岁时关闭，但对于不同的能力将在不同的时期关闭）的理解大多是基于成年人学习第二语言的困难而增加这一现象。但是，母语学习的情况又如何呢？如果一个孩子在关键期没有机会学习任何语言，那么将会出现什么情况呢？

阿维农的野孩子

虽然我们找不到很多证据来回答这个问题(幸亏证据不多)，但是偶尔我们也能发现一些相关的资料。弗朗索瓦·特吕福在电影《野孩子》中描述了1800年在法国南部山区阿维农发现的一个野孩子维克托。没有人知道他的确切年龄，但看上去大约在12岁左右。人们对他的个人背景一无所知，只知道他的喉咙在幼年时期就被割伤了，大概当时有人把他放在树林中让他自然死掉。他存活下来的事实可能意味着他是被野生动物养大的。他不会说话，哪怕是一个单词也不会说。

巴黎国立聋哑人学校的年轻医师让·伊塔对维克托进行治疗，经过很大的努力，但结果也不过是：学习个别物体的名称、理解并且说出最基本的多词语句，除此之外再没有任何其他进展。人们想通过维克托来测试关于人类完全性的某些启蒙思想，但最后，当这种最初的热情慢慢消退之后，维克托便被遗弃到了一个不起眼的家庭，靠微薄的救济金生活。他最后在那里去世，时年40岁。

练习：藏头露尾

像做藏头诗谜题一样，首先为下列左栏每个单词想出一个同义词，将其填入右栏标有数字的空格内。把这些标有数字的字母相应地填写到底下的网格中（如果你不是一个“经验丰富”的天才，那么先用铅笔写）。把字母正确地填入下面的网格后，你将得到前面文章中一个关于野孩子（a feral child）和语言的短语。

CONTAMINATED	9 17 32 48 54 21 3 11
LARGE NUMBER	50 12 6 67 64 53 15 13
RABBIT FOOD	68 1 10 45 26
UNDISCIPLINED	58 62 20 39 27 63
JEWELED CROWN	33 59 5 4 66
LACKING HEARING	61 34 19 2
LIVING KINGDOM	56 28 16 65 41 60
MARK INDELIBLY	23 35 14 42 30
EXTENDED GRASP	38 29 22 7 8
POST–THURSDAY	18 44 37 43 24 51
FEDORA&BOWLER	57 46 49 52
TO FORCE EXILE	36 31 25 55 47 40

1		2	3	4	5	6		7	8	9	10
11		12	13		14	15		16	17	18	19
20	21		22	23	24	25	26	27	28	29	30
	31	32	33	34	35		36	37	38	39	40
	41	42	43		44	45	46	47	48	49	
50	51		52	53	54	55	56	57		58	59
60	61		62	63	64	65	66	67	68		

洛杉矶"吉尼"的悲剧：她的语言学习之窗从20个月到13岁半一直处于关闭状态

最近有一个关于儿童过了语言学习关键期而没有学习语言的一个案例：20世纪70年代在洛杉矶发现的一个遭受严重虐待的女孩"吉尼"。经过一个相对正常的婴儿期之后，从20个月大开始，吉尼就被关进了父母房子后面的一个小卧室里，还经常被绑到婴儿坐凳上或穿着紧身衣，很少与人接触，也没有任何刺激，就这样一直被关到她13岁半时才重见天日。期间她所接触的几乎唯一的人类声音，就是她父亲或兄弟对她像狗一样的吼叫。她父亲禁止家里的任何人，包括吉尼的母亲同她讲话。

当吉尼被发现时，她极度营养不良，像个动物似的，除了有限的几个词语之外，她既不会说话，也听不懂任何语言。她还近视，只能看到从她房间一侧到对面墙的距离——10英尺。她所说的仅有的词汇或者似乎能够说的词汇就是"stopit(住手)"和"no more(不要再这样)"；她似乎能够理解一打孤立的词语，包括她自己的名字，以及"door(门)""walk(走)""go(去)"和"no(不)"。可能是她母亲不顾她父亲的禁止而想方设法教她了这些少得可怜的基本词汇，但是这些词语也可能是来自她遥远的、相对正常的婴儿时期的记忆。

吉尼过了语言学习的"关键期"，但是没有学习任何语言

从婴儿时期一直到大约12岁，吉尼没有学习说话。她所能够理解的词语与一只典型的家犬差不多。于是就产生了一个有争议的问题：她是否能够发育成一个语言能力健全的成年人。也许对吉尼来说，不幸的是，她变成了学术机构、科学家和个人争相研究的对象。虽然大家都是好意，却是值得质疑的。

当加州大学洛杉矶分校的语言学家对吉尼进行研究的时候(尤其是苏珊·柯蒂斯，她把对吉尼的研究写成了一篇博士论文)，吉尼在理解力和语言生成方面确实取得了一些进步，虽然

有时她在某些具体能力方面出现过令人困惑的增长和消退。从某种程度上来说，她的这种进步与正常儿童早期的语言学习类似，但是她的进步速度要慢得多。在头两三年中，她很少说话，总是缄默不语。与正常儿童在出生后头几年的语言学习相比，她对语言学习缺乏兴趣和探索。正常儿童在3岁左右就过了语言学习的双词语阶段，开始进入语言的快速学习期(见203页“婴儿在一岁左右……”)，然而吉尼一直处在语言学习的“电报式”语言阶段。对她来说，正常语言学习的飞速发展期从来没有出现过。

吉尼从来没有学习过我们认为理所当然的简单语法结构

有些似乎不值一提的语法结构，吉尼却从来没有学会正确使用过，或者说，在测试中她不理解这些语法结构，包括：

- 时态/体态标记（例如walked）
- 所有格标记（例如John’s）
- 某些介词（尤其是under）
- 情态动词（may, can, must等）
- 数量词（many, most, few, fewest）
- 连词or
- 所有格代词（my, your等）
- 第一人称和第二人称宾格代词（me, you）
- 所有的第三人称代词（he, she, him, her等）
- 关系代词（“the man whom I saw” “the cat that bit me”）

她一直弄不懂“施动者”和“受动者”，因此也弄不懂主动句和被动句中的主语和宾语，往往把它们的位置弄错(“The cat is biting the dog”与“The dog is biting the cat”)。虽然她理解“wh-”问题(例如“Whom did you see today?”)，但她从来没有学会主动地说。

吉尼对语言的理解力似乎要比她在测试中表现得好

吉尼对语言的理解能力要比她的语言表达能力好，但是我们不明白这种理解有多大程度是取决于上下文线索，而非语言知识本身。柯蒂斯推测，因为吉尼在关键期错过了语言学习，所以她的左脑无法像正常人那样发育成专门负责语言知识的程度。我们与他人进行语言交流时，不仅依靠上下文信息，而且依靠语用期待。但是吉尼更多依靠的是右脑的功能。

从一个照看者转到另一个照看者，经过不断的转手之后，吉尼从研究她并为之争论那么多年的科学家、健康护理专家的世界中消失了，她被送到了一家成人精神病院，退回到了迟钝和抑郁的状态。吉尼和过去唯一的联系就是她的母亲，吉尼每周去看望母亲一次。

吉尼话语举例

"在学校抓脸"：有人/我在学校抓了我的脸/我在学校抓了某人的脸（接触语言2年半之后）

"不吐公共汽车"：我没有在公共汽车上吐痰（3年半之后）

"妈妈喂你"：妈妈在喂你/我（3年半之后）

"我超市吃惊罗伊"：我在超市让罗伊吃了一惊/将要让罗伊吃一惊/想让罗伊吃一惊（4年半之后）

吉尼："吉尼在学校有黄色东西"

（妈妈："你用它干什么？"）

吉尼："画。画画。带到家。问老师黄色东西。蓝色颜料。黄绿色颜料。吉尼有蓝色东西，老师说没有。吉尼使用东西颜料。我想在家使用东西颜料。"（4年半之后）

"我想让你张开我的嘴"：我想让你张开你的嘴（4年半之后）

"妈妈没有孩子长大"：（意思不明）（4年半之后）

洋泾滨语如何变成克里奥尔语

吉尼电报式、结构贫乏的语言在许多方面都与洋泾滨语相似。洋泾滨语是一种未充分发展起来的半语言，通常是在操不同语言的人们需要迅速交流的情形下仓促形成的，例如在贸易或贩卖奴隶的情形下。换句话说，洋泾滨语不是任何人的母语，只是过了语言学习关键期的成年人需要和他人进行最基本的交流时仓促组合起来的一种语言。诸如时态、主谓一致标记、关系从句标记、复数的形态标记和许多“功能”词汇等结构都被省略了，因此在洋泾滨语的交流体系中堆砌了大量的名词和动词，非常没有系统性。

有意思的是，洋泾滨语传到下一代时会发生改变。讲洋泾滨语的父母生下来的孩子的母语就是洋泾滨语，但是接触这种语言的婴儿事实上不是简单地学习或模仿父母的语言，而是会添加一些复杂的结构。当然，婴儿不会自己重新创造出这些复杂的结构，他们不是雅典娜，是不会从宙斯的头脑中重新创造出智慧的。他们只是从接触到的其他更加“具体”的词语那里补充了“功能”词和语法标记。这个过程在“正常”语言中是不断重复发生的，例如英语中对动词进行时态/体态标记的补充（比如“He’s *going* to leave”就表示将来），或从身体部位名词发展而来的介词（比如*ahead* [*of*]）。

洋泾滨语发展到下一代时就会变得比较复杂，成为了下一代的初级语言，这种语言被称为克里奥尔语。婴儿在将父母的洋泾滨语转化为克里奥尔语的过程中所表现出来的创造力引起了夏威夷大学语言学家德里克·比克顿的兴趣，他要从克里奥尔语或从克里奥尔语与洋泾滨语的差别中寻找我们天生的“生物计划”的证据，即找到我们学习语言的先天基因蓝图。

练习：翻译洋泾滨语

下面的洋泾滨语转录自19世纪初夏威夷的亚洲移民所说的话。说第一个句子的人的母语是日语，说第二个句子的人的母语是韩语，说第三句话的人的母语是菲律宾语。试试看你能否理解这三句话。那些有下划线的词语是夏威夷语，并且给出了对应的英语单词以帮助你理解。其他单词都是以英文为基础的。

1. *Ifu laik meiki,mo beta make time, mani no kaen hapai.*
   "die" *"carry"*

2. *Aena tu macha churen, samawl churen, haus mani pei.*

3. *Luna, hu hapai? Hapai awl, hemo awl.*
   "foreman""carry" *"cut"*

巴布亚新几内亚人说的语言是一种以英语为基础的克里奥尔语，经过逐步发展而形成的一种混杂语。在这个发展的过程中，"功能"词和"语法"标记都在原来词的基础上有了新的用法。观察下面巴布亚新几内亚语言中的几个例子以及翻译：

Mi no stap long ples ol paitim em long–en
I no stop at place they beat up him at it
"我不在他们打他的现场。"

Husat i kukim dispela haus?
Who burn this house
"谁烧了这所房子？"

在下面的例子中，long表示"at"，longen表示"at it"，husat表示"who"，这些词汇已经发展出了不同的功能。你能理解下面两句话的意思并且弄懂long, longen和husat的新用法吗?

4. *Mi paitim em long diwai mi holim longen.*

5. *Bai mi toktok long ol asua husat bai i kamap sapos Tok Pisin i kamap nambawan tokples bilong Papua Niugini.*

提示： Diwai的意思是"木棍"，bai是一个表示将来时态的语法标记，asua的意思是"问题"，tokples的意思是"语言"。

测定语言处理理论的新技术

关于我们是如何组织心理语法的理论有许多，现在有一种新的技术可以测试这些理论的有效性。耶格尔等人(1996)最近在语言学领域内一份重要的学术期刊上发表了一项实验结果(见第164页“当我们睡眠的时候……”)，实验要求志愿者说出3类动词的过去式：规则变化动词(例如ask)、不规则变化动词(例如fall)和“临时”动词(例如baff)(所有临时动词都经过了认真选择，目的是避免与真正的不规则动词混淆；因此，这些志愿者为它们提供的过去式形式具有规则变化的特征)。在志愿者进行这些活动的时候，研究人员运用正电子断层扫描对他们的大脑进行扫描。正电子断层扫描结果显示，在思考不规则动词的过去式时，大脑的许多部位都被激活了，这些部位不同于大脑处理规则动词过去式时被激活的部位。总的来说，与处理规则动词比较起来，不规则动词过去式的构成不仅更加费力、费时和常常出错，而且需要大脑更多部位参与和更高水平的激活。

从这个实验能够得出的最简单的结论就是，我们在创造和处理不规则形式(例如不规则动词的过去式)和规则形式时确实采取了完全不同的策略。这个证据至少说明，我们处理不规则形式最有效的方法是把不同的形式作为词条储存在我们的大脑词典中，而处理规则形式最有效的方法是把它们作为规则来储存，这些规则适用于非屈折变化形式的词语，而且能够随时提取。

毋庸置疑，正电子断层扫描显示执行这3种过去式任务时大脑被激活的区域有重叠，重叠中心在布洛卡区及其周围——传统上被认为是语法处理所在的区域。另外，只有在处理不规则动词过去式和临时动词过去式任务时，左额叶的最前端区域才被激活。还有，只在处理不规则动词过去式时才被激活的是左额叶中的一个区域和顶叶中的两个区域，只在处理规则和临时动词过去式任务时被激活的两个区域在额叶前部的大脑皮层和扣带大脑皮层。

动词在哪里

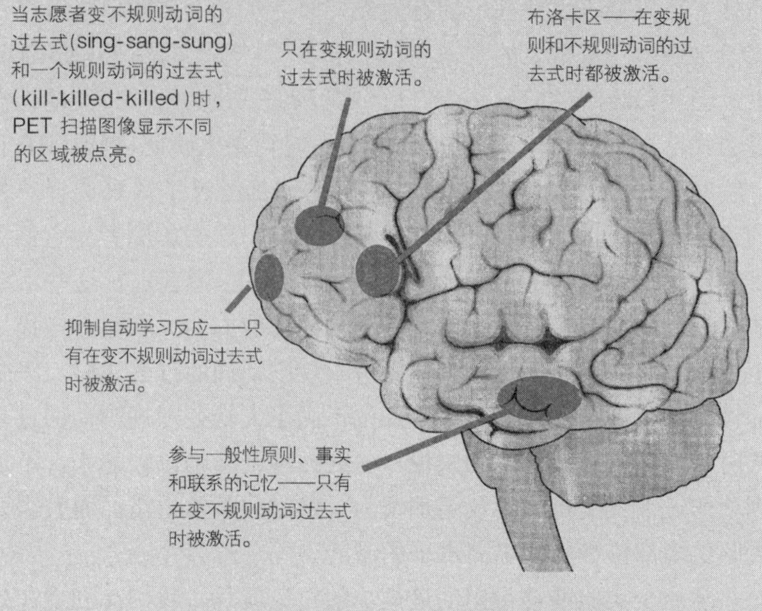

另外，研究人员还发现了一个仅与处理不规则和临时动词过去式任务有关的区域。这个区域有抑制对刺激物进行自动学习反应的功能。在新的学习任务中，这个区域会被激活，但是对这个学习任务熟悉了之后，这个区域的活动就会消失。因此，这个区域很可能与抑制规则动词过去式在大脑中的形成活动有关——至少抑制的时间会持续到能够确定是否应该适用规则动词的规则为止。另一个只在处理不规则动词过去式任务时才被激活的区域一般被认为与听觉记忆有关，尤其是长期的“语义”记忆——对一般性原则、事实和联系的记忆。因此，支持不规则动词过去式提取的记忆部位不参与规则动词过去式的提取。

在生成规则动词和临时动词过去式时，被激活的一个区域独立地处理长期记忆中储存的事物。临时动词过去式在这个区域被激活，大概是因为志愿者把它们作为规则动词处理了，由于这些临时动词都经过了认真选择，避免了与真正的不规则动词混淆。因此，这个区域最有可能是处理规则动词过去式所在的部位。

这项研究最有趣的一点是，我们的心理语法规则会随着规则本身的自然发展从大脑的一个区域“迁移”到另外一个区域。例如，你第一次使用re-shellack这个单词时，你会在大脑的一个部位把它作为由两部分组成的复杂词汇来处理。如果你对这个单词熟悉了之后，你的大脑会把它作为一个非组合词汇，在另一个不同的部位进行处理。

自我测试：在时间压力下处理规则和不规则动词过去式

虽然不规则动词在我们最常用的日常词汇中占有很大的比例，但是不规则动词过去式也有许多不同的表现形式。当为一组不规则动词变过去式时，为每个动词写出正确的过去式是一个相对比较慢、比较困难的过程。

下面是两组常见动词，一组是规则动词，一组是不规则动词。请尽快给出规则动词的过去式，并且计算你所用的时间。然后，尽快给出不规则动词的过去式，同样也计算你所用的时间。你将在变不规则动词时花费更多的时间，而且有可能出较多的错误。

注意：为了提高测试的难度，你不仅要写出动词的“简单”过去式（例如“Yesterday I drank the win”），而且还要写出动词的复合过去式（例如“I have drunk the wine”，drink-drank-drunk）。

规则动词	不规则动词	规则动词	不规则动词
pass	*think*	*love*	*flow*
ask	*draw*	*count*	*blow*
rub	*fall*	*name*	*feed*
drop	*dig*	*look*	*hear*
load	*catch*	*watch*	*bring*
dress	*sell*	*blow*	*keep*
push	*fight*	*pay*	*drink*
plan	*teach*	*kill*	*ride*
burn	*reach*	*tie*	*sing*
jump	*sleep*	*start*	*grow*
walk	*stand*	*add*	*bite*
form	*hold*	*laugh*	*sweep*
list	*fly*	*work*	*send*
place	*flee*	*visit*	*wear*

在规则动词列表中夹杂有一个不规则动词，在不规则动词列表中夹杂有两个规则动词。你发现它们了吗？是否也写出了它们的正确过去式形式？

练习：组词游戏

请将每栏字母填入下面对应的竖行空格中，但不一定按顺序依次填写。填写完所有的空格之后，横向将组成一个前面文章里出现的一个句子或短语。

	H	C	L	L	S	P	S	L	A	T	G	P	U	B	E	S	T	Y
	A	L	I	O	O	I	P	O	C	A	U	L	A	I	N	R	O	E
		O	F	C	R	N	A	I	A	N	L	U	W	G	Y	D	L	O
		S	E	A	R	E	T	N	R	T	F	N	I	E	E	T	T	W
T		E			Y				D				U	T	N			Y
			■									■						
	■			■												■		
	■						■										■	
						■				■								
	■							■			■							

提示： 第四个单词是relying。第二栏的字母按照e, u, t, d, g的顺序依次进入下面的空格。

练习：正电子发射断层扫描图

下列A、B、C、D 4幅图片是经过修饰的脑部扫描图，显示了大脑在处理不同语言任务时主要有哪些区域被激活。这些图片的文字说明顺序被打乱了，请将它们的正确顺序写出来？

A

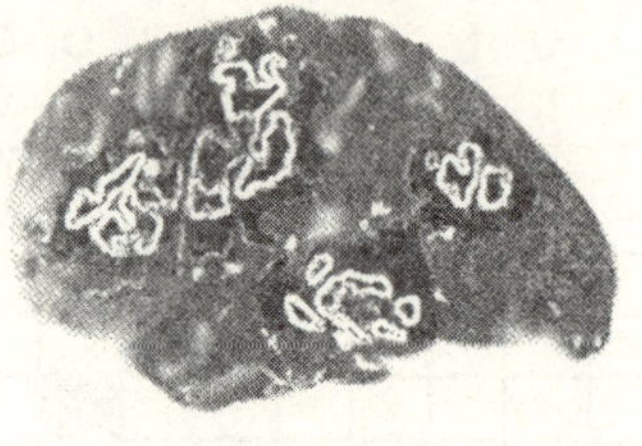

默读

B

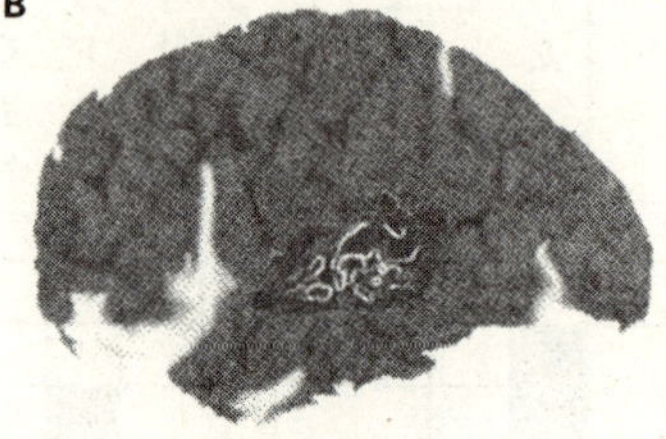

背诵单词

C

听人说话

D

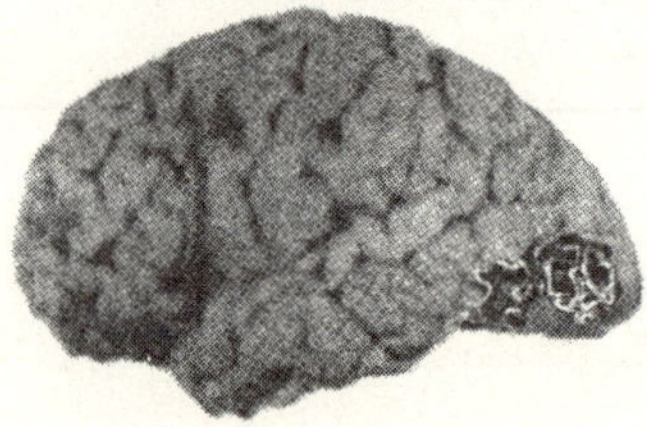

思考与说话

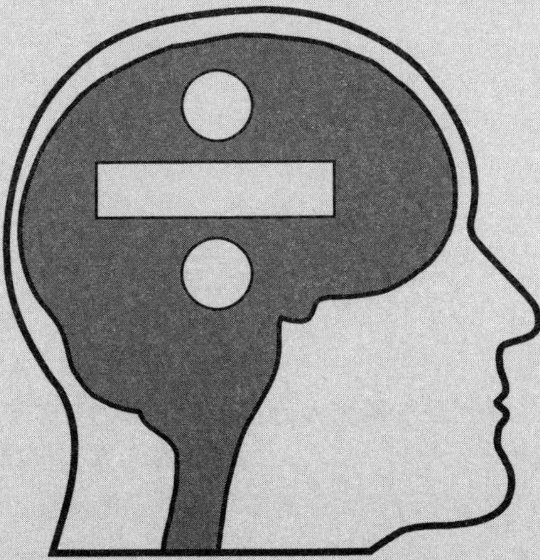

数　学

数 学

既然我们所有人的基本数学能力都差不多在同一个水平，那么，为什么许多人要借口自己“数学不好”而逃避心算和数学游戏呢？

我们常常会认为自己的数学“好”或“不好”。实际上，几乎所有人的基本数学能力都相同。例如，如果你让一位朋友给你大声朗读下面方框内的数字，很可能你只能重复其中的6个数字。只能说出3个或4个甚至更少数字的人很少，能够说出10个以上数字的人也非常少。

7，12，3，5，9，11，5，1，6，2，8，7，4，15

让一位朋友给你大声朗读前4个数字，然后你重复说一遍。之后将数字增加到5个、6个……一直到你出现错误为止。你的极限是多少？对于大多数人来说，这个极限大概是6或7个数字。

但是，那些认为自己数学不好的人常常会把心算留给其他人去做。我们外出吃饭时，会让他人计算小费，或让他人核对找零是否正确。如果我们老是这样，我们对数学的敏感程度以及头脑的敏锐性就会下降。事实上，这就是许多人“数学不好”的真正原因——因为我们已经心安理得地认为自己的数学不好了。

这就是为什么那些“数学不好”的人更应该阅读本章。你做的数学游戏越多，你的数学就会变得越好，而且你会逐渐认为自己转变成了一个“数学好”的人。

为了不使你的数学能力下降，你还可以在生活中做许多事情来保持数学思维的敏捷。这是因为数学能力比其他方面的普通智力更容易随心情和头脑瞬时的敏锐度波动。因此，良好的睡眠和正确的营养对于数学运算来说尤其重要。如果你想在下午表现出良好的数学运算能力，那么你在午餐吃的东西应该不同于为了晚上睡个好觉而在晚餐吃的东西。本章也将会告诉你这方面的知识。

关于人脑是如何通过处理数字来实现现实世界中的目标的研究主要来自两方面，一是研究婴儿如何学习数字概念，另一个是研究具有非凡数学能力的人如何解决问题。例如，连新生儿都能够理解照射在他们面前荧幕上的3个点和4个点的差别。能够进行复杂的多位数计算的低能奇才则发明了不同的策略来完成那些计算。有的人把数字视觉化为颜色、声音或形状；有的人把复杂的运算拆分为几个部分，先解决这些组成部分的运算，并且在记忆中把它们进行视觉化保存。这种方法与我们记忆名字时用的方法有些类似，即把名字的意义与那个人的长相进行视觉联系。

为什么音乐家常常也在数学领域会有非凡的成就呢？这与他们能够通过心目观察数据从而理解和处理数据有关吗？

人一出生就拥有数学技能吗?

与人类认知能力的许多领域一样，关于我们的计算技能也有相当大的争议。有些人认为我们的计算技能是通过教育和与环境的相互作用而习得的，有些人认为我们天生就拥有特定的数学能力，并且随着年龄的增长，我们会在此基础上完善我们的数学能力。

有证据表明，人类确实天生就拥有基本的数量感。如果让一个婴儿看一张画有3个点的图片，他一开始会注意这张图片，经过反复的展示，他会变得“习以为常”，从而失去对这张图片的兴趣。但是如果改变点数，即使他已经厌烦了第一张图片，他仍然会再次活跃起来，把加一点或减一点的图片看作全新的图片。

这也许可以说明，在学会“数数”或说话之前，婴儿天生就能够理解3和4之间的差别。有趣的是，实验中的婴儿只对3或4以下的数字有反应。例如，新生儿似乎不能够区别6和7。甚至在3岁学会了背诵1～10这些数字名称之后，儿童可以正确地数出3个物体，但通常不能够正确地数出8个物体。

不同文化中的儿童的算术能力一样吗?

从一个基本的层面来讲，儿童的数学能力似乎不存在跨文化差异。不过，由于受到学校教育体系的影响以及不同语言为数字的不同命名，确实出现了一些差异。

在英语中，学习10以上的数字对于儿童来说相当困难，因为许多数字的名称很随意、不明确，不能够形象地被识别。比如说“sixteen(16)”和“eleven(11)”之间的差别。儿童学会了“six(6)”和“ten(10)”之后，新的数字名称“sixteen”相对来说就比较容易学会，因为它明显是由两个比较小的数字合成的。更重要的可能是，16是由6和10合成的，这种情形不仅能够让儿童较容易地学会“sixteen”这个新的数字名称，而且这个单词的结构有助于儿童学习和理解加法的概念。

但是“eleven”却是一个非常随意的单词：它与较小的数字“one”和“ten”没有明显可辨的联系，因此必须得作为一个全新的词语来学习，无法依靠其组成或学习者内在的动力来学习。(顺便说一下，“eleven”这个单词源于“one-left(剩下一个)”，和最初表示“two-left(剩下两个)”之意的“twelve”相似；也就是说，扳着手指头数到10之后，还剩下一个。)

要想知道一个完全随意的数字命名体系有多困难，不妨想一想如果不说“two hundren(200)”，而用单词“flart”，或者不说“two hundred and one(201)”，而说“sneel”，不说“two hundred and two(202)”，而说“lentel”等等。很明显，这样一个体系将需要花费更大的精力和更多的时间来学习，而且无法把较大数字理解为是由较小数字相加或相乘而组成的。

在某些语言中，数字名称的构成比英语要明显得多。在日语中，100以下的数字都是由10和1～9的数字组成的。另外，如果说英语中的数字“ninety-seven(97)”是由比较容易辨认的两个较小的数字构成，那么法语中表示97的单词就更是如此了：quatre-vingt-dix-sept，也就是“4(倍)20+(加)7”(这个差异同时也表明了过于明显的命名体系的一个弊端：它们容易变得过于烦琐)。

如果一种语言中的数字命名体系比较明显，那么儿童学习这些数字名称就比较容易，而且能够比较容易地掌握大数字是由小数字组成的这种概念。即使是相对明显的英语数字名称，儿童在学习时也容易出错。例如，从逻辑上讲，我们很容易辨认51的英语名称是“fifty-one”，“5”在“1”前，但是15在英语中的名称则相反，也是“5”在“1”前，所以很多说英语的孩子容易把读作“fifteen(15)”的单词写成51。

如何才能知道孩子是否真的理解数字名称的意思?

尽管这是成年人习以为常的事情，即数东西的时候，数到的最后一个数字就代表东西的总量，但是儿童不能够自动理解这一点。你怎么才能够知道自己的孩子成功地完成了这个数量概念的飞跃呢？让她数你的手指，然后问她你有多少个手指。如果她需要重新数，那么她就没有真正理解这个概念。

要想确定你的孩子真正理解了这个概念，而不是简单地按照你教的去重复最后一个数字，你不妨试试下面这个简单的测试。让她给你拿少量的东西——比如说7颗花生米。如果她数出7颗花生米，并且递给你，那么她就达到了理解基数词的能力。孩子通常在4岁或5岁时才能获得这个能力，但也有少数孩子在3岁时就获得了这个能力。如果她不数就递给你一把花生米，那么她对数字的理解能力仍然停留在3岁阶段。

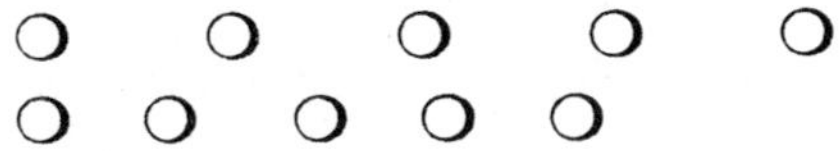

哪一行弹子多？
一个4岁的小孩会告诉你：“上面一行”。

即使对于4岁和5岁的小孩来说，对基数词的理解也是非常不稳定的。皮亚杰指出，5岁大的小孩很容易认为更松散、更长的一行东西比数量相同但排列更紧密的一行东西多。只有到了7岁或8岁的时候，儿童才比较稳定地单纯依靠基数词来判断东西的数量，而在此之前，他们常常依靠其他非数值的感性线索。

练习：一个代数运算之争

一个小女孩和她的哥哥在寻找复活节彩蛋。
小男孩对妹妹说：

小女孩回答说：

他们各自有多少只彩蛋？

提示：既然小女孩的彩蛋数量加上7只等于小男孩的彩蛋数量减去7只，所以他们的彩蛋数量相差14个，即小男孩的彩蛋数量一定比小女孩的彩蛋数量多14只。

“低能”奇才

精神病学家一直对低能奇才(例如达斯汀·霍夫曼在电影《雨人》中饰演的角色)抱有浓厚的兴趣。因为这些人虽然智商低(但是他们的智商并没有低到专业意义上的“低智商”水平),在记忆、艺术或计算方面却有着非常出众的能力。其中最著名的就是那些日历计算奇才,他们能够快速计算出几十年前的某一天是星期几;其中有一对非常著名的双胞胎奇才,他们计算的时间跨度可以长达8000年。据说,另一个奇才能够重复任何语言中任意长度的话语,而且能够做到一字不漏。

奇怪的是,这种能力会突然出现或突然消失

当这种奇异的技能出现或消失的时候,同时可能伴随着表面上不相关的某项普通能力的丧失或发展。有时候,头部遭受创伤或生病之后,大脑功能会遭到损害,同时突然出现一种前所未有的奇异才能。

左脑功能的丧失也许可以解释为什么如此多的奇才会表现出能力极端化

关于许多奇才的奇异才能与智障并存的极端化现象,有一种理论认为这是由于他们的左脑功能有缺陷,从而引发他们的右脑接管左脑的功能。一个孤独症患儿的案例说明了这个假设的合理性。这个患儿的语言发育(主要与左脑有关)相当迟缓,但他却有一种非凡的艺术能力(主要与右脑有关)。这些奇才之谜的另一个有趣的地方是,他们一方面具有对具体事物的超人记忆力,另一面却是抽象推理能力的缺失。其中的原因可能是这些奇才不能够筛选信息并有选择地“忘记”感官输入,而不是因为他们的记忆力在本质上提高了(参见81页“如果你想记住复杂的信息……”)。

练习：数字锁

说明：你可以填写从1到9的任何整数；但不能填写分数、负数和0。每个方格内只能填一个数字，但在一个组合中可以多次使用一个数字。出现多种数字组合都有可能的情况下，在联锁的数中寻找其他线索。

横向

1. 第三最小素数的平方。
3. 与罗马数字2形状相似的一个阿拉伯数字的平方。
4. 一个奇数，它比把它颠倒后所得的数字少30。
6. 瑞士首都伯尔尼的“洋葱市场节”。
8. 一个素数的平方，这个素数大于横向1的平方根，小于横向3的平方根。
9. 横向8接下来的一个平方。

纵向

1. 最后两个数字相加等于前3个数字之和。
2. 第二位数和第三位数相同。
3. 本身就是一个平方的偶数的平方。
5. 横向3接下来的一个平方。
7. 它的各位数之和等于横向9的平方根。

提示：伯尔尼的“洋葱市场节”是11月24日。“素数”是只能够被其本身和1整除的数。

大脑营养与“午餐后低落”

“午餐后低落”现象是指午餐后的思维敏捷性和大脑功能出现跌落的现象，部分原因是由于内在的人体生物节律。大量研究都在致力于发现最佳午餐，以增强大脑的功能，或者至少把这种低落的影响降低到最低程度。

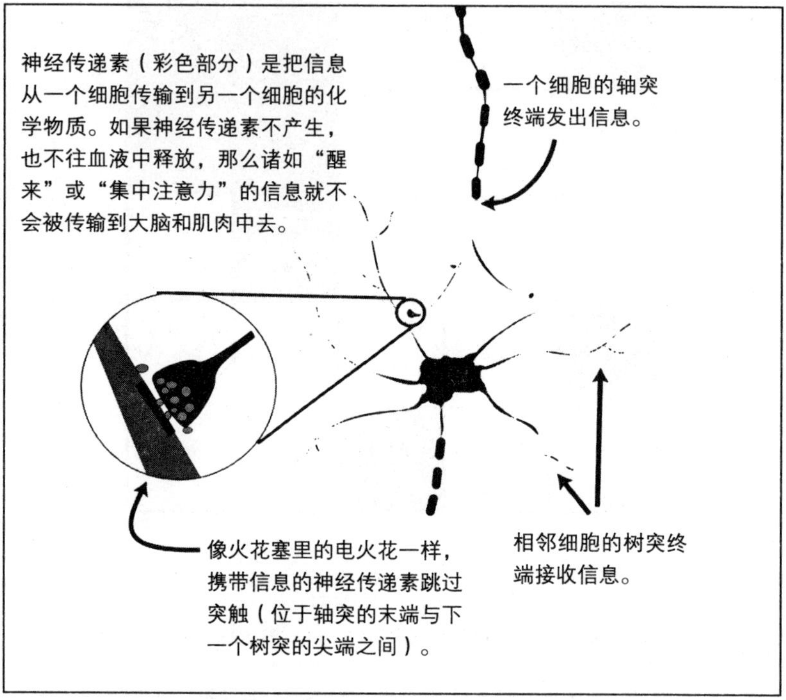

从20世纪70年代开始，一些有趣的研究就一直在关注某些大脑营养物的效果，其中包括色氨酸和酪氨酸这两种氨基酸以及卵磷脂中的一种成分胆碱。说这些物质能够影响大脑功能，是有一定意义的，因为它们都是神经传递素的前身：可以被转化为在神经细胞间传递信息的物质。

不同的神经传递素有不同的前身，因此它们会有不同的作用。色氨酸会被转化为神经传递素五羟色胺，有助于保持镇定或大脑的警醒(取决于时间、人格类型等因素)。酪氨酸被用于合成多巴胺、去甲肾上腺素和肾上腺素，有助于保持思维敏捷、精力充沛和动力。胆碱被转化为乙酰胆碱，对记忆功能起着关键的作用。

富含蛋白质的食物里含有大量的色氨酸和酪氨酸。蛋黄、动物肝脏和大豆里含有大量的胆碱。这样看来，或许富含蛋白质的饭食(因为蛋白质里含有大量的色氨酸和酪氨酸)将会提高五羟色胺、多巴胺、去甲肾上腺素和肾上腺素的水平，从而(理想地来讲)使人变得更加镇定、集中注意力和警醒。然而，事情不会如此简单。

关键是要保持蛋白质和碳水化合物的均衡

实验结果表明，高蛋白饮食会降低五羟色胺的水平，而饮食中有适当含量的蛋白质和碳水化合物则会增加五羟色胺的水平。

因为蛋白质中还包含许多其他氨基酸，它们会阻止色氨酸传输到大脑的血液中去。虽然高碳水化合物的饮食不能把大量的色氨酸引到血液中去，但可以刺激胰岛素的产生，从而将除色氨酸之外的许多氨基酸都传输到肌肉细胞中去。因此血液中的色氨酸相对不会遭到阻碍，能通过输送细胞被传输进大脑。

缓解“午餐后低落”的最佳午餐应该包含少量的蛋白质、少量脂肪、适当的碳水化合物以及适量的卡路里

蛋白质是合成“警醒”神经传递素的重要物质。如果没有这些神经传递素，大脑将会失去活力。低脂肪和适量的卡路里很重要，因为难于消化的油腻食物会导致血液从大脑流向胃，从而出现头晕的现象。如果碳水化合物与蛋白质的比例恰当，那么将有很少量的五羟色胺合成，从而避免出现昏昏欲睡的情况。否则的话，当这种具有“镇静”作用的神经传递素与午后低落的生物节律相互作用时，就会出现昏昏欲睡的情况。

如何不满足你对蛋白质的需求

色氨酸这种氨基酸是身体合成神经传递素五羟色胺的重要化学物质。氨基酸还是蛋白质的构成成分，而色氨酸是一种“基本的”氨基酸，也就是说它不能够由身体合成，必须从食物中摄取。有些食物，例如动物胶，含有合成蛋白质所需的许多氨基酸，但不含色氨酸。如果你想用这些食物来满足你对蛋白质的需求，那么你的身体将会利用已有的色氨酸来合成蛋白质，从而会造成没有可用的色氨酸来产生五羟色胺。在对动物胶蛋白饮食的效果进行研究的实验中，受试者摄入这些食物后，往往变得困倦、易怒、抑郁。

吃糖果是让人镇静的好方法

当你感到紧张或不能集中注意力，或是因为焦虑过度而无法入眠的时候，那么就吃些只包含葡萄糖的碳水化合物的饭食或零食，包括大多数“糖”(包括蔗糖、玉米甜味剂、蜂蜜等，但不包括果糖或水果等纯粹含果糖的食物)和由长链葡萄糖分子构成的“淀粉”。这些食物会释放胰岛素进入血液中，从而使色氨酸从血浆进入大脑，产生五羟色胺的，达到镇静效果。这也是人们认为面食是一种“安慰”食物的原因之一，而且也可以在部分上解释为什么女性在月经之前的一段时间内喜欢吃糖果。

你可以创建一个自己的实验，在吃午饭时和午饭后，在摄入和不摄入蛋白质的情况下分别做下页的“集中注意力”测试。

自我测试：集中注意力

下面的练习用于测试一个人的专注能力。最初，荷兰皇家空军用它来测试飞行员的专注力。后来在二战中，美国空军用它来测试飞行人员在高空压力的情况下专注力的变化。

反复试验这种测试可以提高飞行员的注意力时限，因此类似的练习成了许多培训项目的组成部分。要延长自己的注意力时限，你可以用其他字母和数字组合来重复这样的练习。

说明：

先不要看下面的网格，把计时器设定为30秒钟。然后开始计时，观察下面的网格。找出网格中有多少个4和g。不要做任何标记和记录。30秒钟到的时候写下你的答案。

a 7 3 d g t p 9 6 2 x d e o

e w q d c 5 6 o i d g v c d

w 3 6 7 9 w d z x j g e 2 3

7 b f d x c k l p o u t e e

4 c v b n m s w e r u i o p

h 4 f d s a q w 6 r t y u i

7 o e r t y u i 4 d e r g f

r t y u i c s w r d w 2 5 3

4 4 d 3 s w e d 3 5 h t c e

3 c d f g h y w s q x d 7 a

睡眠不足，尤其是快速眼动睡眠不足，会削弱解决问题的能力

很明显，睡眠对于认知功能的有效发挥起着关键的作用。人们都知道睡眠不好会影响第二天的工作和学习。除此之外，还有实验研究表明，老鼠在学条件性回避任务之后，快速眼动睡眠将会增加。而当快速眼动睡眠不足时，它们的学习能力将会降低。另外一项针对数学专业本科生的实验研究表明，如果让他们在连续48小时的缺乏睡眠之后再去睡觉，等他们醒来之后，他们连最简单的运算也不会做了。

调节睡眠和警醒模式的人脑部位与哺乳动物的部位非常相像

如下图所示，睡眠和警醒的控制中心主要位于脑干前顶端的一个状似木钉的区域之内。脑干是大脑最最原始的部位。这个区域的顶端，有一簇被称为“蓝斑”的细胞控制着使大脑进入深度睡眠(包括快速眼动睡眠)的分泌物的分泌。其他细胞控制着去甲肾上腺素的分泌，去甲肾上腺素能够使大脑警醒，尤其是警觉那些意料之外的事情，甚至在睡梦中也能够警醒。

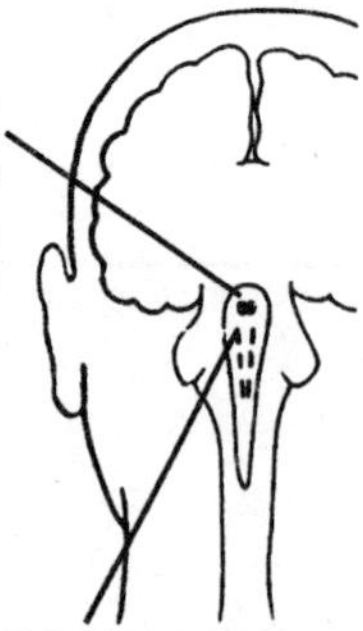

人在高度紧张时去甲肾上腺素会分泌并流入大脑中，这会引起一种“慢动作”效应，例如人在出车祸时就会经历这种情况。这个时候我们的大脑处于高度警觉状态，所摄入的信

息量会是平时同等时间内所摄入信息量的好几倍。

当睡眠开始时，去甲肾上腺素的分泌量会减少至正常水平的一半。在每个睡眠周期内，做梦和快速眼动睡眠完全占上风，进入深度睡眠阶段的大约100分钟之内，去甲肾上腺素的分泌会完全停止。如上页图所示，位于蓝斑下面的一排较小的深色细胞表示细胞核中缝，它能够分泌一种引起浅度睡眠的物质。

人体生物钟就隐藏在脑干的顶端

下图是大脑的横切面，清楚地显示了松果体的位置(注意，为了更清楚地显示松果体的位置，这幅图中没有标明脑丘)。松果体就位于脑干的最上端，它能够设置人体的生理节奏(生物钟)，根据白天和黑夜等许多因素调节褪黑激素的分泌，从而控制人们的睡觉和清醒时间。褪黑激素产自五羟色胺，能够抵消“警醒”激素去甲肾上腺素的分泌。有些研究表明，当人们清醒时，一种“S”化学物质的水平逐渐升高，直到饱和状态，人们便开始进入睡眠周期。当这种“S”化学物质从人体中抽出，注射到实验老鼠的身上后，老鼠就会变得昏昏欲睡。

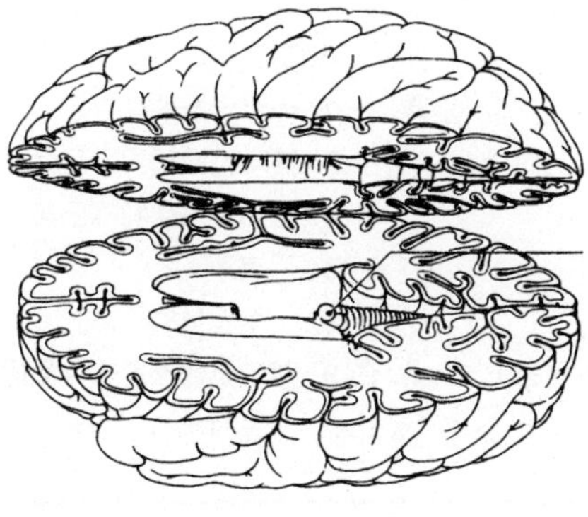

练习：数字锁

说明：你可以填写从1到9的任何整数；但不能填写分数、负数和0。每个方格内只能填一个数字，但在一个组合中可以多次使用一个数字。在出现多种数字组合都有可能的情况下，在联锁的数中寻找其他线索。

横向

1. 比纵向8大2。
3. 比横向1大1。
5. 冬天的第一天。
7. 约翰·米尔顿的生日。
8. 圣诞节。
10. 本身是一个立方的偶数的平方。
11. 横向1的一个倍数。

纵向

2. 一个奇数的平方。
3. 前三位数相同，后两位数相同
4. 前两位数之和等于第三位数。
6. 沸点。
8. 一个偶数的平方。
9. 第二位数是第一位数的两倍。

提示：约翰·米尔顿出生于1608年12月9日。

练习：趣味时钟

这个练习要求受试者具备简单的算术知识。另外还需要一定的空间感，通过在头脑中正确地旋转指针和柄轴（12点在柄轴位置）的相对位置来辨认时间。

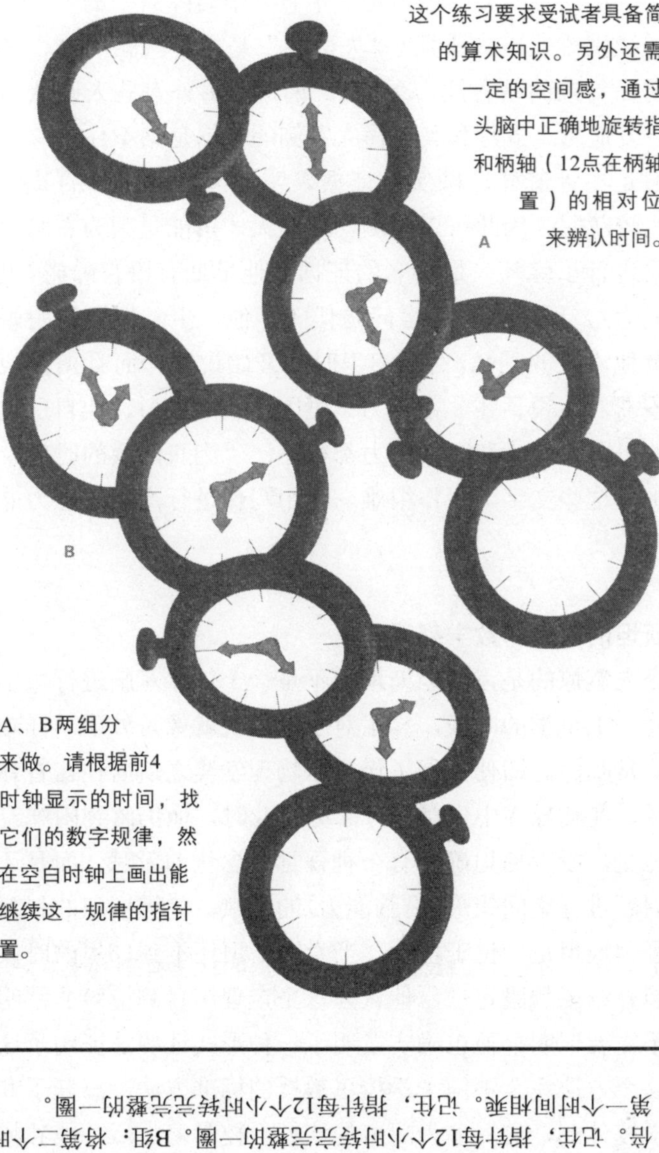

将A、B两组分开来做。请根据前4个时钟显示的时间，找出它们的数字规律，然后在空白时钟上画出能够继续这一规律的指针位置。

提示：A组：从右向左解决这个问题，每次向左的时间都是其右边时间的两倍。记住，指针每12个小时转完完整的一圈。B组：将第二个时间与第一个时间相乘。记住，指针每12个小时转完完整的一圈。

天才用形象思考，但用数学表达

自从大约35年前一篇文章发表之后，人们便开始流行这样一个说法：年轻时的爱因斯坦是一个有“学习障碍”的人，很有可能是诵读困难症或失语症（“失语症”是由于大脑的语言区域受到损伤而导致的语言能力受损）。最近，另外有些人则认为爱因斯坦、爱迪生、罗丹和其他伟人案例的证据是站不住脚的。

但是不管怎样，确实有证据表明爱因斯坦左脑的某些能力相对比较薄弱。因此可以推测，他的天才可能是因为右脑对左脑的缺陷进行了弥补。最著名的证据是他早期有语言障碍（主要是左脑能力），而且某些语言问题伴随了他一生。根据他姐姐的报告以及他本人的回忆，他在3岁时才开始说话，而且据说他一直到10岁左右，说话还非常吃力。爱因斯坦成人后，他自己也承认自己的拼写、阅读和写作能力都很差：“当我阅读的时候，我好像能听见这些文字。写作很难。我用写作进行沟通的能力非常糟糕。”

爱因斯坦的语文和数学都很差

令人震惊的是，爱因斯坦也不是一个依靠左脑进行数学计算的天才。上小学的时候，算术对于他来说就像是外语一样难，学起来非常吃力。即使获得了诺贝尔物理学奖之后居住在普林斯顿的时候，在辅导高中生微积分家庭作业时，他仍感到困难。

但是，爱因斯坦确实有一种视觉概念化的天赋，而且还有把数学问题进行空间构形（右脑能力）的天赋。爱因斯坦的叔父雅各布·爱因斯坦是一位工程师。当爱因斯坦还不到10岁的时候，叔父向他介绍了勾股定理，他认为这个定理用目测检验非常明显，因此不需要证明。他也确实发明了一种形式证明法证明了这个定理，这个方法完全不同于学校里教授的标准方法。离开了专制的德国学校体制，进入瑞士阿劳的坎顿学校学习之后，他独特的天赋才开始发挥出来。阿劳的这所学校是由瑞士教育改革家佩斯特拉齐创立的。佩斯特拉齐认为，让青年的头脑自由发展的最好方法，就是有一个灵活的、主要以视觉为导向的课程体系。

爱因斯坦始终认为，对于他而言，思维从本质上来说是意象，而不是语言。只有在后期阶段，他把自己的见解翻译成可交流的形式时，语言文字才会进入他的大脑。他说："对我而言，毫无疑问，我们思维的发生在大部分情况下是不需要使用语言的。"

练习：数学想象力

这个练习要求运用数学和空间思维。下面是两组6个面上印有数字的立方体，就像孩子们玩的积木一样。每组立方体实际上是同一个立方体旋转后所形成的4个不同的视角。将A、B两组分开来做。当你发挥空间想象能力，以同样的方式旋转每个视角来确定4个视角的方向时，你会发现其中一个上面的数字位置与其他3个不符。

A

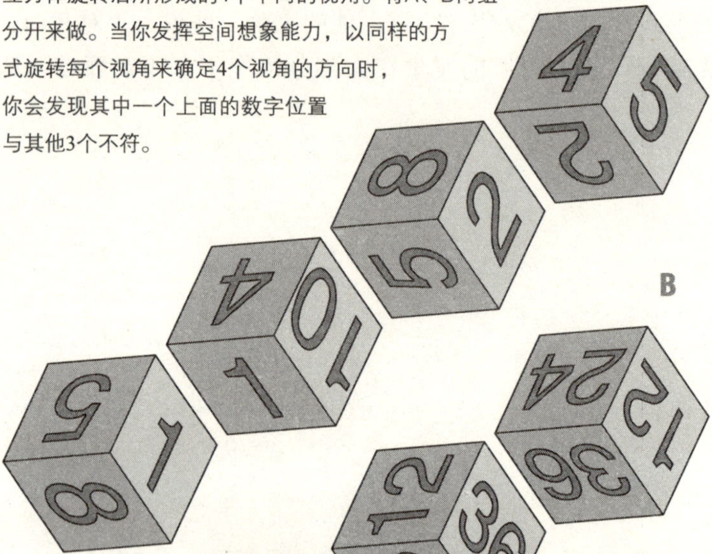

B

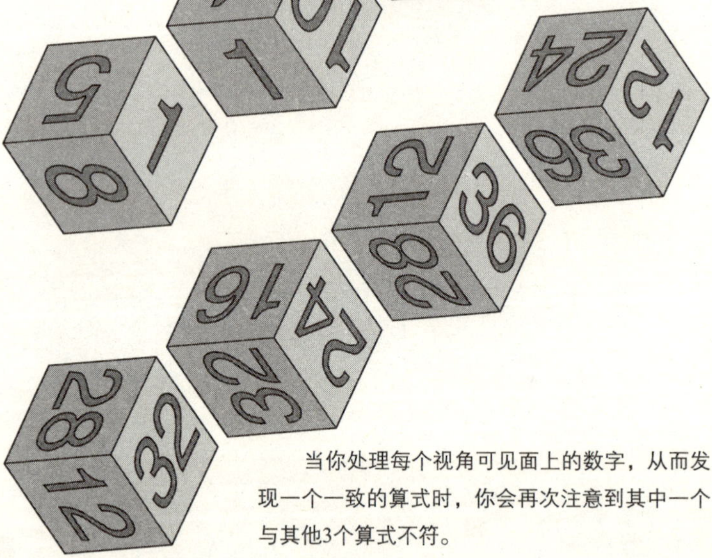

当你处理每个视角可见面上的数字，从而发现一个一致的算式时，你会再次注意到其中一个与其他3个算式不符。

提示：A组：将每个立方体可见面上的数字相乘。其中一个立方体可见面上的数字乘积与其他3个不同。注意比较其他3个立方体上5和8的位置与不同的那一个上面的数字位置。B组：将每个立方体可见面上的数字相加。其中一个立方体可见面上的数字之和与其他3个不同。注意比较其他3个立方体上的12和36的位置与不同的那一个上面的数字位置。

练习：可不要发疯哟！

仔细观察下面A、B、C 3组黑色数字。它们的上方有三个数字。你的任务是把上方的3个数字归到下面的3组数字中去。如果这个练习让你感到痛苦，使你丧失理智，那么不妨找你当地的“爱因斯坦”试试这个练习。

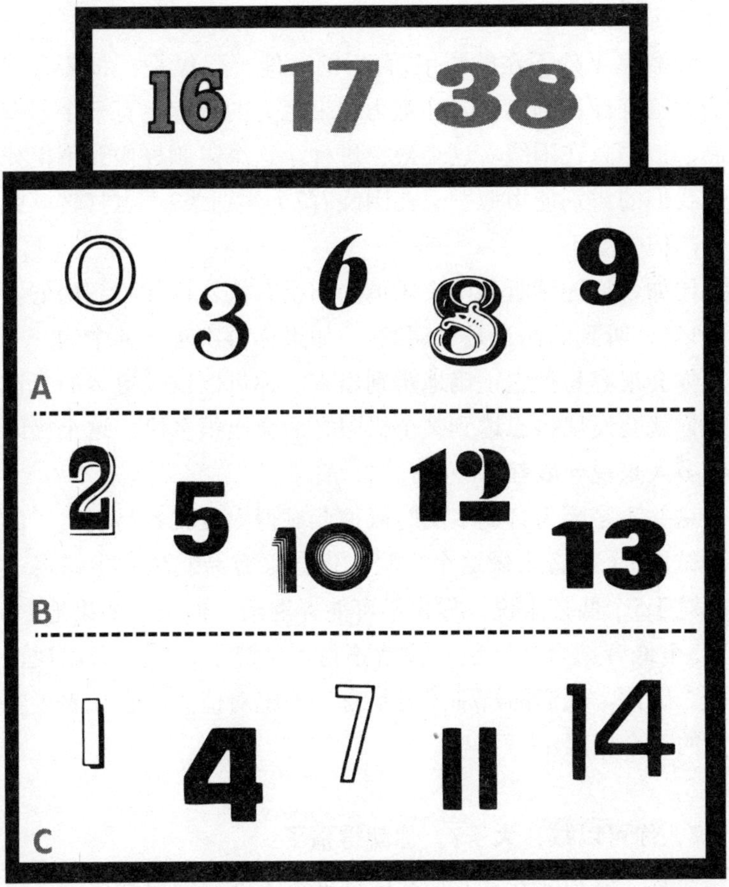

提示：注意这个练习题目的旁边有两个标志。一个表明这个练习的主题与数学有关，另一个表明这个练习的主题与空间思维有关。在这个谜题中，数值与主题是无关的。

魔幻数字7：我们如何受其限制，又如何能够克服它？

你是否曾经感到奇怪过，为什么我们生活中的许多重要事情都与数字7有关呢？一周有7天，世界有7大奇观，人生有7个阶段，音阶上有7个音符。电话号码有7位数，心理测试通常采用7个评分等级。

隐藏在无处不在的数字7背后的可能不仅仅是一种巧合。我们的大脑好像在判断力、注意力和记忆力的跨度上有一个固有的限制，似乎总在围绕着这个数字进行。这个限制好像并不很死，但是我们的辨别能力似乎总在围绕着7个类别或7个点打转，或增或减，但幅度不大。

比如说你连续听到两个乐调。如果有人告诉你听到的低音是“调1”，听到的高音是“调2”。如果你再次听到其中的一个调子，你会很容易把它正确地辨别出来。你可以试试更多的乐调，不久你就会发现自己达到某个极限之后会出很多错。这个极限对于很多人来说一般都在6左右。

这并不是因为音调多的时候彼此靠得太近就容易混淆。如果你尝试用5个高音来做这个实验，你会很容易避免发生错误。同样，对于5个低音来说，你也不可能弄混淆。但是，如果把5个高音和5个低音结合在一起，你就不得不猜测了，结果会出现许多错误。因此，我们的辨别能力是有一个绝对值的，它代表了我们能力的一个极限。

小于7，你可以数；大于7，你就得猜了

还有一些实验要求人们对电脑屏幕上闪现的点数作出迅速判断，这也表现出了同样的数字极限。当点数小于6或7时，人们几乎不会出错。但是当点数大于7时，人们会频繁出错。因为这时人们已经不能再进行准确的瞬时计数了，而是在进行估计。

如果说我们的辨别能力确实有这么一个数字极限的话，那么我们又如何能够区别那么多单词、面孔？答案可能在于，对于单词和人的面孔来说，我们的辨别能力已经超过了类别判断的范围，或者说，我们会把事物串联起来从而大大地提高我们的辨别能力。如果所要辨别的面孔只有黑白或有色这样一个变量，那么我们在辨认7张以上的面孔时确实会很困难。但是每张面孔都不止一个变量：鼻子、眼睛、嘴巴、耳朵，以及这些特征之间的空间关系。单词包含的也不仅仅是一个与众不同的音，而是许多这种发音的组合。在任何语言中，每个发音都可以用大约7个不同的二元特征来定义(增加或减少辅音、增加或减少浊音等)，而且这些音按一定的顺序排列之后就可以构成成千上万个不同的单词。

“组块”可以帮助我们记忆更多的信息

数字7对我们记忆力施加限制的另一个方面是所谓的“组块”。一个电话号码再加上区号的话一共有10位数。我们在记忆这么一长串数字的时候可以把区号与其他数字分开记忆，或者把这些数字分成较短的两位数组合，例如在记忆区号510的时候可以把它分成两部分来记，即5和10。

其实，我们在安排字母表中26个字母的停顿时也是有规律的。人们在背诵字母表的时候，往往在“g”(第7个字母)之后有一个停顿，在“p”(g之后的第9个字母)之后有一个停顿，然后是在“v”(p之后的第6个字母)之后有一个停顿，然后背诵完整个字母表。从一方面讲，这些停顿也可能只是我们儿时学习字母歌的节律的延续。但是从另一方面讲，我们之所以比较容易学会字母歌，是因为我们把整个字母表分成了好几个包含大约7个字母的小组，从而减轻了记忆的负担。

练习：相对数字

下面3个几何图形分别显示了不同的算术模式。请首先找到这个模式，然后用一个正确的数字替换每个几何图形中的问号。

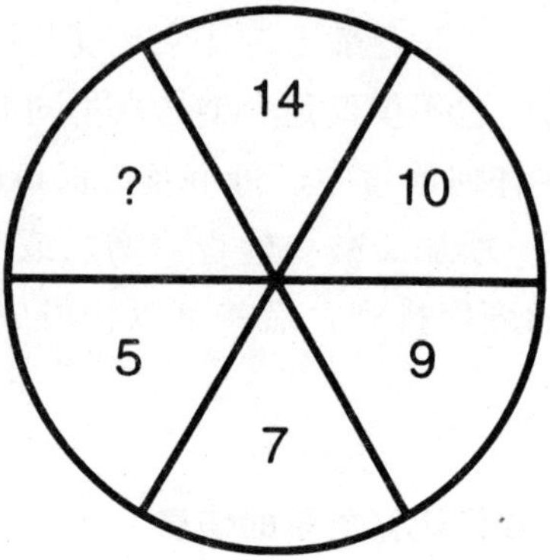

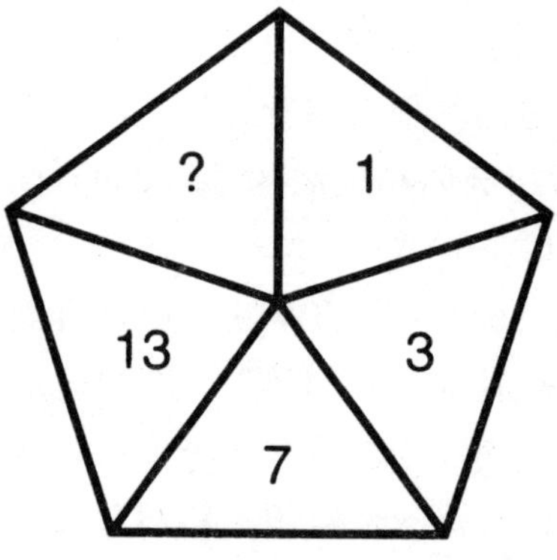

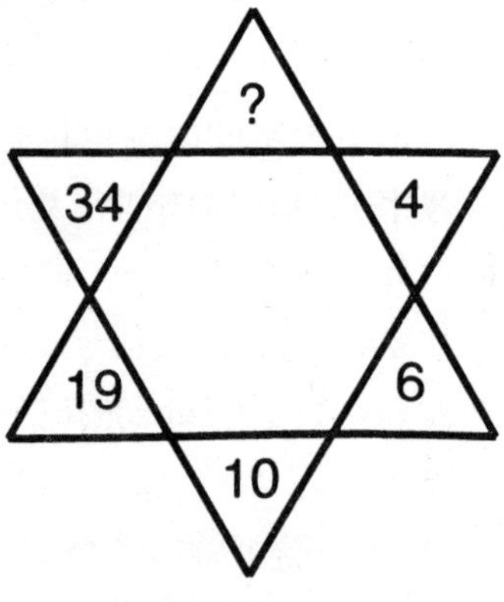

提示： 多数人都感到六角星是最难的一个。但是，如果把它看作是由两个重叠的三角形构成的图案，问题就好解决了。

练习：乘法表

很多人可以通过寻找与过去经验相关联的模式，从而发现解决目前许多问题的有效方法（不要太得意；要知道，老鼠在穿越迷宫时也采用同样的方法）。在下面的表格中，上面3行数字显现了一个相同的算术模式。请根据这个模式，用一个正确的数字替换第四行中的问号。

7	4	8
3	9	7
6	5	10
?	8	4

提示：首先将每行的前两个数字相乘。

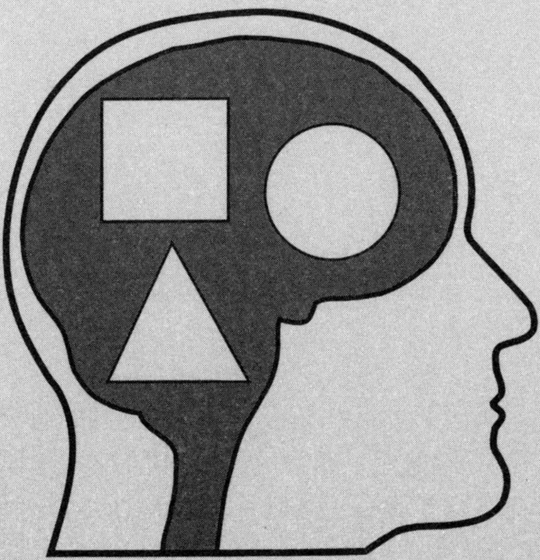

空 间

空 间

视觉空间能力实际上是多种能力的组合，包括辨别细节、理解这些细节的排列规律，以及将这些规律分配到一个知识库中，以便处理。

对视觉的研究使得人们更深入地了解了人类意识的本质。虽然我们在认识世界的过程中大量地依赖视觉，但是几十年以来，心理学家们一直在告诉我们，我们认为自己所看到的东西不一定就真实地存在于那里。例如，看看本页图形中的白色斑点。白色斑点？你可能会感到很奇怪。事实上，这里只有一些不规则的黑色斑点。然而，我们的大脑会构想出白色斑点，连同一个想象的边界，把这个构想的斑点与其外围的白色空间分开，分离出的实际上是实体周围的空间。如果大脑可以跟我们开这样的玩笑，那么它背着我们还会做出其他什么事情呢？

首先集中注意力看最上端的点。你是否能够看到由黑色图像所勾勒出来的一个白色形状？现在集中注意力观察下端的点。你能更清楚地看到白色形状吗？还是看得更不清楚了？大多数人会看得更清楚。

隐藏在我们的视觉意识之下有好多种能力，这是我们很容易忽略的一个事实。我们的左脑主要负责对细节的观察——森林中的树木；我们的右脑主要用于理解这些细节所符合的模式——森林的整体形状。看到白色斑点实际上是右脑在捉弄你，它根据图中细节所提供的暗示创造出了一个形状。通常情况下，我们在处理周围世界的视觉刺激时会同时用到局部意识和整体意识。由于大脑各部分之间的信息沟通非常迅速，因此我们觉察不到意识的这些方面是相互分离的。但是，如果你在生活中碰到一个视觉想象力与你一样好的人，但他不能够把观察到的东西归到一个知识库中去，以便自己辨别和处理，那么你就能够认识到我们的视觉意识是多么复杂和拥有多面性的能力。

和其他能力一样，视觉空间智力可以通过训练而保持，也会因为不用而退化。精细的视觉观察可以挑战你将细节归类并总结其所遵循的模式的能力，从而锻炼我们右脑的整体想象力。如果有一些非常相似的模式，其中只有一两处细节不同，那么用它们可以测试你对客观细节的注意力。另外，那些需要我们发挥空间想象力对三维物体进行观察的练习确实能够挑战我们的大脑，直到最终掌握其中的诀窍。

既见树木又见森林：大脑的不同部位负责不同的视觉任务

当你观察一个人的脸、镶嵌图案或夜空中的星星时，至少有两个层面的视觉意识参与。你可以注意每个镶嵌块、面部特征或星星等离散物品的细节，你也可以察觉由部分构成的有一定模式的整体。通常情况下，我们需要从一种观察方式切换到另一种观察方式，而不是同时使用两种观察方式。但是，我们有两种选择可以利用。

然而，对于那些左脑视觉皮层或右脑视觉皮层受损的人来说，情况就不是这样了。在视觉方面，右脑也是大脑中富有创造力的部门，最擅长捕捉大的画面和理解整体模式。左脑是大脑的“会计”部门，最擅长观察细节。因此，当左脑视觉皮层受损时，觉察和注意细节的能力就会减弱；当右脑视觉皮层受损时，整合细节的能力将会减弱。

右脑与左侧视野(也就是眼睛左侧所能看到的一切)相连，左脑与右侧视野相连。因此，从理论上讲，你应该更擅长观察处在右侧视野的物体的细节。但是，你很少注意到其中的任何差异。这是为什么？简单地来说，不管你在看什么，你所看到的东西会跨越你的视野中心，既进入左视野，也进入右视野。另外，大脑两个半球之间的信息交流是自动进行的，会在瞬间内完成，所以这种视觉任务的分工就不是那么明显了。

但是，对于那些胼胝体(连接大脑两个半球的神经纤维束)被切断的人来说，情况就不同了(有时，为了控制癫痫症的发作，

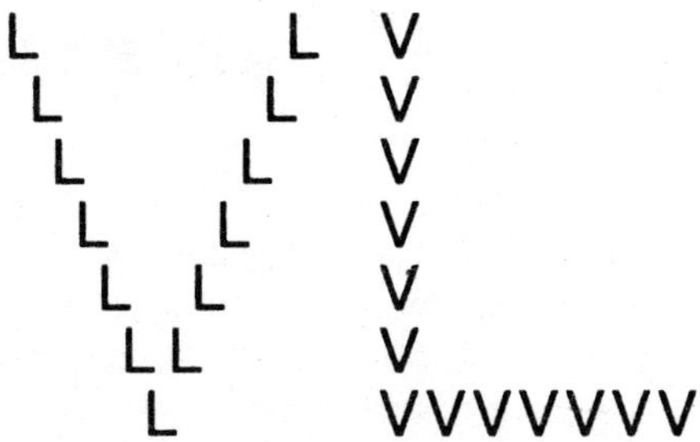

医生会将癫痫症患者的胼胝体切断）。这些人只能观察到右侧视野的细节，以及左侧事野的整体模式。因此，如果将一幅镶嵌图案从他们的左侧视野移动到右侧视野，那么中途会发生戏剧性的变化：一个整体的图案变成了混乱的一堆镶嵌块。

V还是L？右脑向你展示大字母，左脑向你展示小字母。但两者不能同时进行。

上下两个视野也由大脑的不同部位负责

长久以来，心理学家一直对一种叫“错觉轮廓”的现象很感兴趣。所谓“错觉轮廓”是指人类的头脑会将一个轮廓投射到一个本没有轮廓存在的形象上。这种投射生动地说明，我们看到的世界不一定就是客观世界的真实存在。因为我们会对视觉刺激物进行一个自动的、潜意识的加工组织，对其进行创造性的改变。

由于某种原因，下视野比上视野更擅长察觉错觉轮廓，但是上下两个视野都不擅长对整体形象的观察。至于为什么会出现这种情况，人们目前还只能推测其中的原因。也许这是因为人类在进化的过程中，这种视觉感知尤其适用于观察地面上的物体吧。

练习：是鱼还是人？

意大利画家朱赛佩·阿琴波尔多（1537~1593）常常组合自然界的各种物体进行绘画。下面就是他用各种海洋生物绘成的一幅油画。如果连接你大脑两个半球的神经细胞受到损伤，那么你只能看到鱼，或者只能看到一个人的形象。这取决于这幅图画出现在你的哪侧视野。左脑处理右侧视野看到的东西，右脑处理左侧视野看到的东西。左脑用来观察细节，右脑用来观察整体形象。

练习：空间中的形状

我们看到的东西部分上受到我们过往经验的支配。通过对猴子大脑的研究，结果表明，大脑的不同区域负责不同的反应。一个区域只对食物有反应（例如对黄色的香蕉有反应，但对黄色的花朵没有反应）；另一个区域对以前看到的物体有反应，但对新物体没有反应（例如对大大的红气球有反应，但对小蓝气球没有反应），还有一个区域负责识别面孔。

大脑一次只能感知一个形状。我们的经验可能会导致我们认为，“背景”没有我们在“前景”看到的“形状”重要。我们常常通过熟悉的物体来辨别形状（“如果它看上去很像一个扳手，那么它就是一个扳手”）。这样是非常容易出错的。仔细观察下面的图像，看看你的大脑是如何捉弄你的。

A

B

C

你右脑的整合能力怎么样？你是否已经从前两页上不完整的两组图片中辨别出了这3个熟悉的物体？

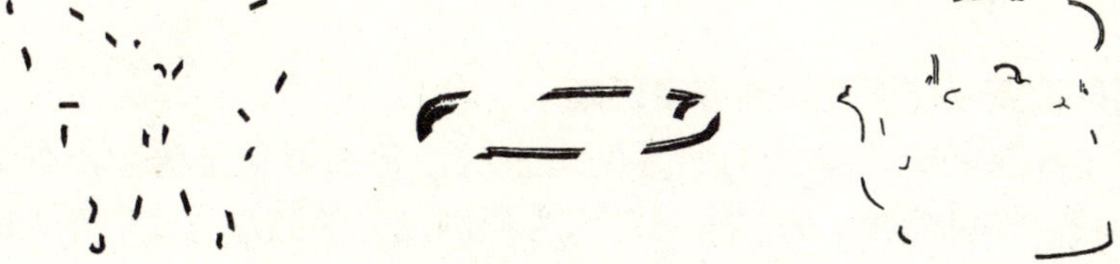

面孔识别主要依靠右脑的视觉空间能力，但仅此还不够

我们都曾有过这样的经历，我们记住了一张面孔，但却没有记住与这张脸相匹配的人的名字。当有人与我们打招呼，但我们却想不起来对方的名字时，我们些许会感到一丝尴尬，我们可能会借口说自己擅长记忆面孔，但不擅长记忆名字。实际上，几乎所有的人都擅长记忆面孔，而不太擅长记忆名字。面孔识别主要依靠左脑的视觉空间能力，大约在人出生后的最初10年间发展起来，这也使得我们对面孔的记忆比对其他视觉形象的记忆要好。这是我们很重要的一个天赋，但有时我们会把它想当然。

我们人类有一种惊人的能力，把他人的面孔储存在长期记忆中，并且在数年后能够将这些形象提取出来。在一项研究中，研究人员从同时期的年刊中抽取了5张照片，要求受试者辨别出自己的一个高中同学。结果，无论毕业的时间有多长(从3个月到35年)，无论班级有多大(从90个人到800个人不等)，他们辨认的准确率达到了90%。这一切都是在无意识中完成的，没有借助任何的记忆术，也没有刻意地去努力。

面孔识别必须非常灵活，从而保证我们可以从不同的角度辨别一张脸，而且不论发型、表情、年龄、体重发生何种变化，我们仍然还可以辨别出来。右脑损伤可能会导致面孔识别能力的部分丧失或完全丧失。也就是说，如果光线、随身物品(眼睛、耳环等)、观察角度等条件改变时，患者就无法辨认出面孔。因为面孔可以被看作是视觉图案，而右脑主要负责视觉空间能力，所以说面孔识别主要依靠右脑是有一定道理的。但是，情况比想象的要复杂。

某些改变会使面孔识别变得困难

如果将一个熟人的照片倒过来放，那么就很难辨别出他的面孔。你可能会认为，这只是因为颠倒过来的照片与我们在大脑中储存视觉形象所用的方式非常不同。但是，其他视觉形象(木

头人、戏装、各种无生命的东西等)倒着放和正着放时，人们一样能够很容易地辨认出来。一般情况下，如果记忆倒着放的新面孔，我们的表现会比记忆正着放的面孔差30%。换句话说，即使以后碰到包含这一张面孔的一组倒着放的面孔，你也不会像正常情况那样辨认出这张你早先看过的面孔。因此，无论我们在编码、记忆和提取面孔图像时使用什么能力，那么这种能力都比辨别其他物体时所用到的能力更具体，或者说有所不同。

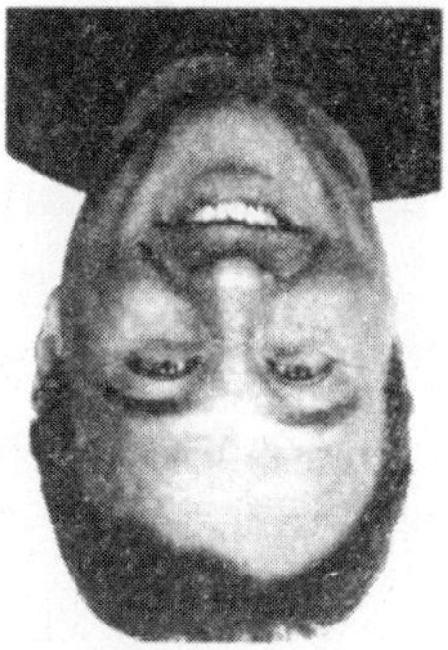

在记忆和识别倒置的面孔时，成年人会被迫采取片段处理的策略，这是儿童在分析正置面孔时所依靠的策略。这就是说，我们只把注意力集中在了具体的构成部分，而不是集中注意力于空间结构，因此我们在面孔识别测试中的表现很差。

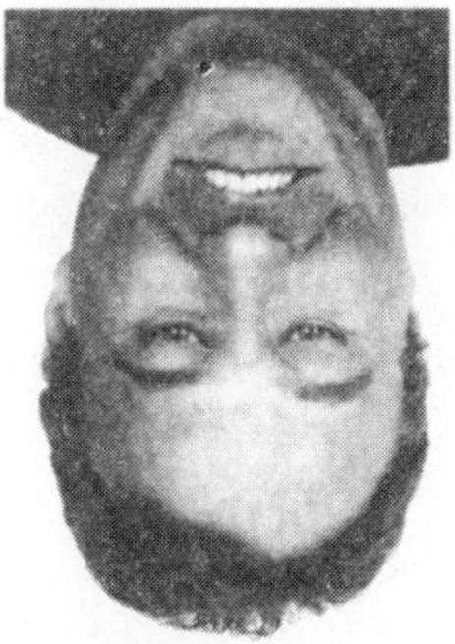

你注意到这张脸有何异常吗？请仔细观察几秒钟，然后将书倒转过来。

对于倒置的面孔，我们处理单个组成部分，但是我们不擅长发现这些具体组成部分的变形。

儿童依靠不同的策略来记忆和识别面孔

面孔是复杂的视觉图像，从理论上来讲，在记忆面孔时我们可能要依靠两种(或其中一种)信息：片断信息和完形信息。片断信息与各个组成部分或特征(眉毛、痣等)有关；完形信息与整张面孔各组成部分之间的空间关系有关。一般来说，我们在处理视觉形象时可以依靠其中任何一种策略。成年人在记忆面孔时似乎两种策略都使用，但是理性的完形策略似乎尤其显得重要一些。但是，处于10岁以下的儿童似乎主要依靠片断策略。有一些实验

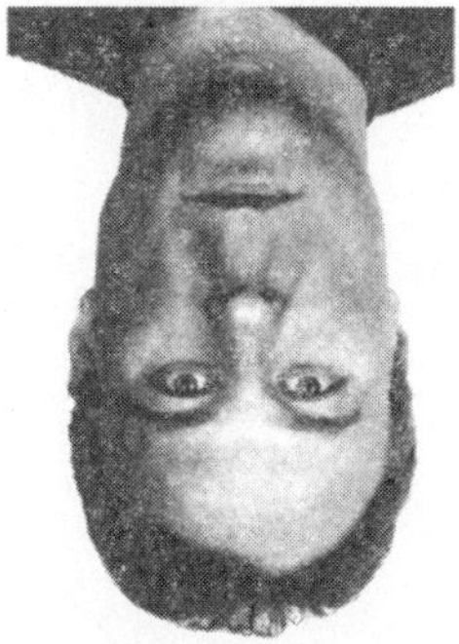

你注意到这张脸有何异常吗？请仔细观察几秒钟，然后将书倒转过来。

我们很擅长辨认正置面孔的空间失真，但是很难察觉倒置面孔的空间失真。正着看奇形怪状的特征，如果倒着看相对就比较正常了。

证明了这一点，6岁儿童在记忆正置面孔和倒置面孔时的区别不大，而8岁儿童的表现介于成年人和6岁儿童之间。

在处理正置和倒置面孔时，儿童主要依靠有关面部具体特征的信息，而不是依靠面部的整体构形。对于成年人来说，观察正置面孔时的表现要好得多。例如，如果把前面两张面孔正着放置，那么我们就能够立即辨别出其中一张有扭曲变形的特征。对于倒置的面孔，空间失真很难察觉，因此我们这时会像儿童那样，对片断特征进行分析。

因此，6岁儿童与成年人的差别不在于儿童更擅长处理倒置面孔，而是儿童不擅长处理正置面孔(儿童还更容易被面部表情所迷惑，例如，他们会把两张笑脸当作同一张脸。另外，他们还容易被面部以外的东西所迷惑，例如耳环和眼镜等)。到10岁的时候，儿童的空间构形能力就达到成年人的水平了，可以像成年人那样区分、辨认和记忆面孔了。

练习：面孔

你认识这些名人的脸吗？

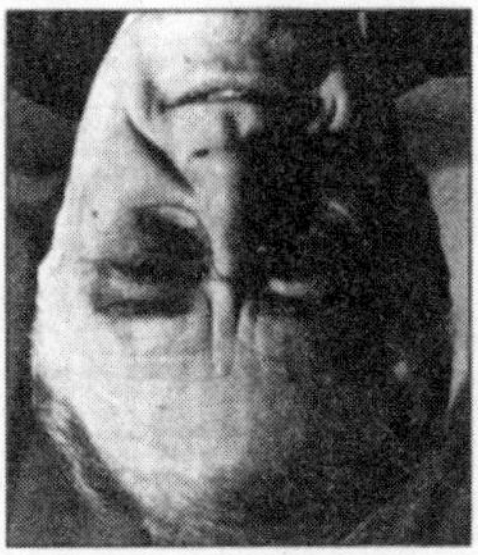

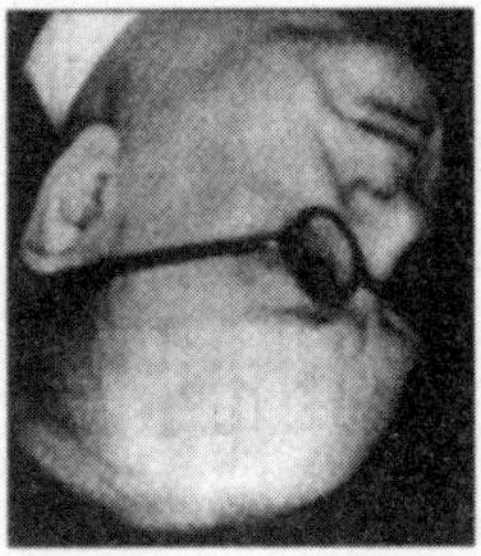

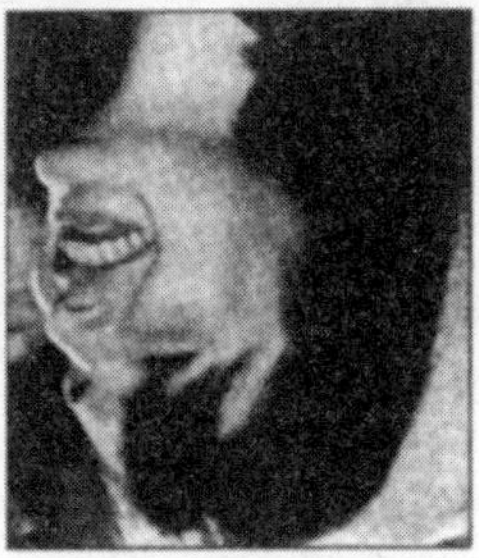

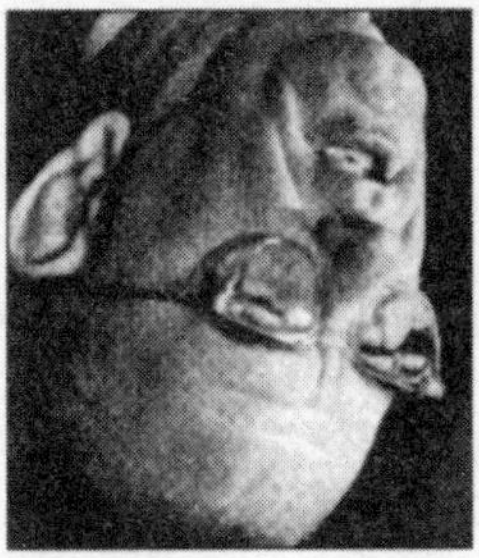

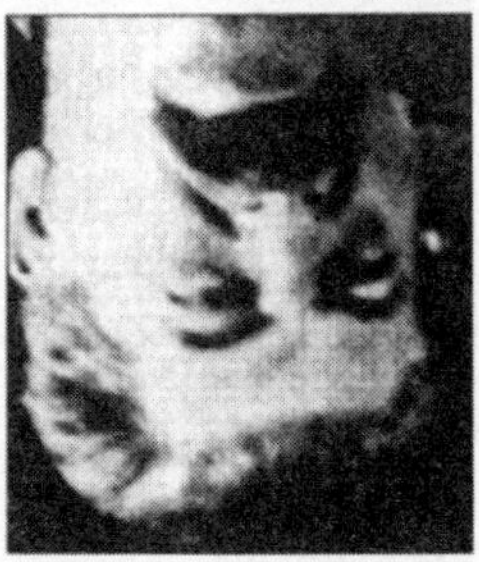

提示：这5个人中有4个都是20世纪重大政治事件中的关键人物。这些政治事件都与无谓的死亡有关。

练习：眼球大挑战

大脑往往会利用过去的经验来识别物体。当只能看见物体的特写细节，而看不到物体的整体形状时，即使是熟悉的物体也很难辨认。

你能看出下面都是些什么东西吗？提示可能对你有帮助。

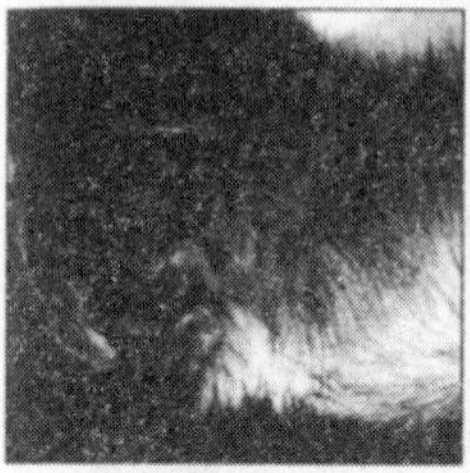
警觉的老鼠

经典案例

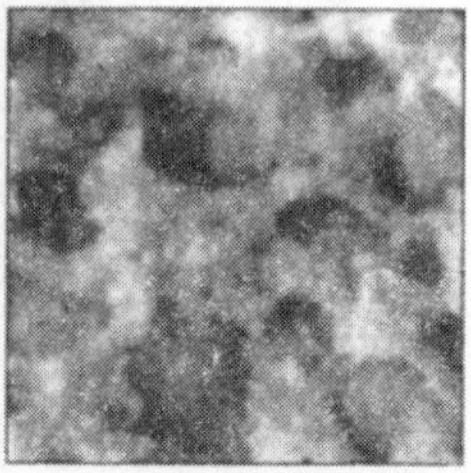
英国人的早餐

娇嫩的树叶

平滑的闭合

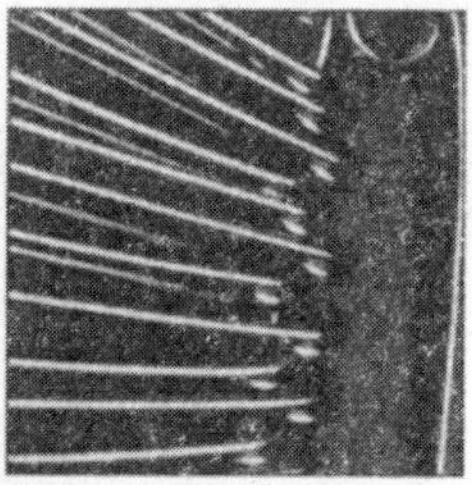
爪钩

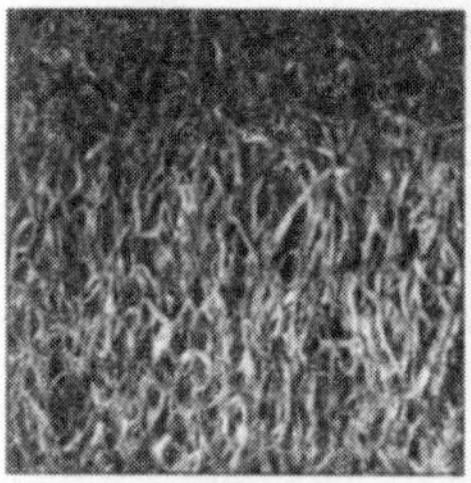
金黄色的浪

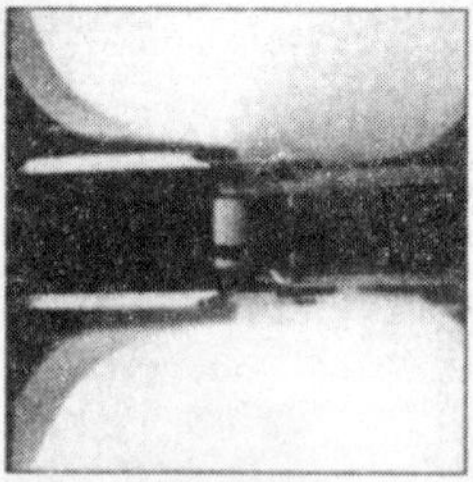
这个清除……

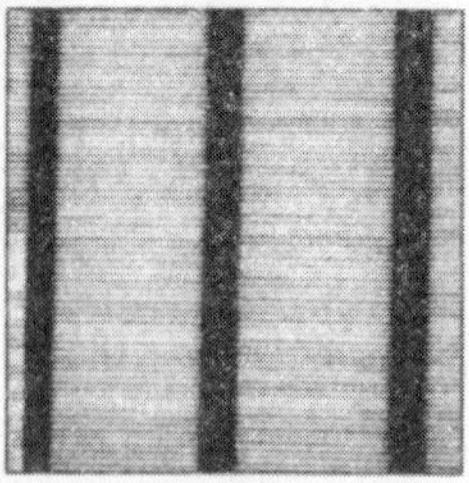
这是?

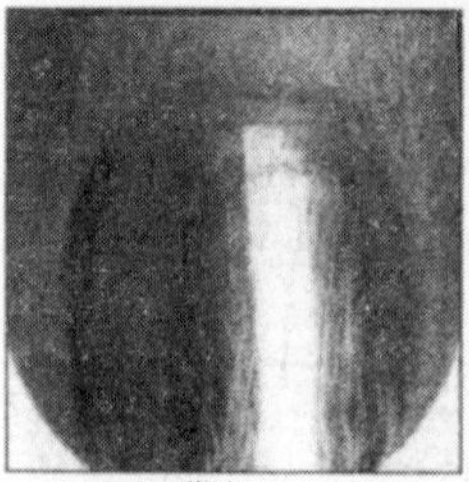
指出

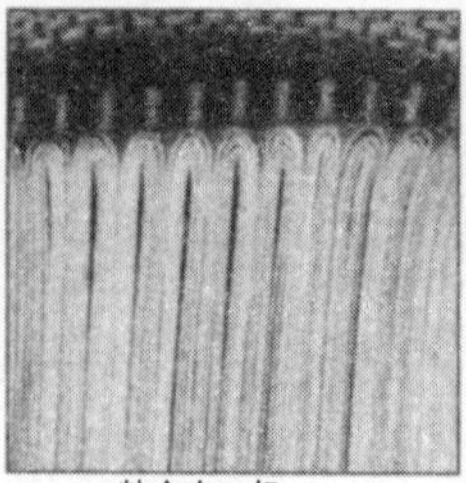
粘合在一起

贴近路面

自我测试：亲近自然

下图是意大利彩花玻璃艺术家朱赛佩·阿琴波尔多创造出的超现实主义的画作。

当面孔正着放置时，大脑很容易辨认出这张脸的全图。想想看，如果把下面这张图片倒过来，你将会看到什么东西？

视觉空间能力基因

染色体绘制技术的进步使人们发现了一个负责构图任务的基因，例如构建一个模型，或把不同颜色的积木组成一个图案。这是人类第一次发现与认知有关的基因。

根据“构图”基因和一个相邻基因缺失程度的不同，受到其影响的人可能会出现不同的情况，其中包括身体机能和认知能力异常、威廉斯综合症等。威廉斯综合症的特征有血管病、面部特征异常、智力发育迟缓等，但患者有超强的机械记忆力和语言能力(原因不明)。

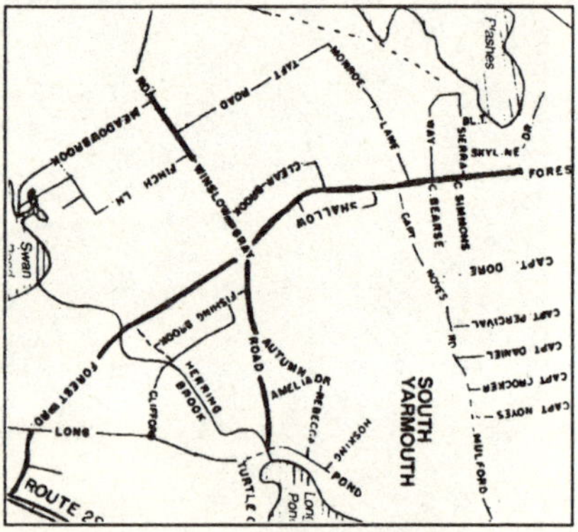

如果一个人的构图基因出现部分缺失，那么他的智商会基本正常，能够正常处理日常事务。但是，他们在做一些即使是最简单的视觉和空间表象练习时，都会有很大的困难，因此他们终生都设法避免处理与这种推理或形象有关的问题。对于他们来说，画一幅自己居住街区的地图就像我们正常人拆卸和重装一台录像机一样困难。

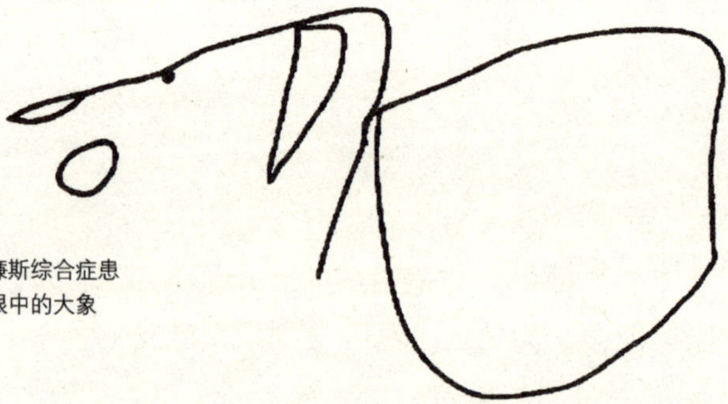

威廉斯综合症患儿眼中的大象

复杂的人类行为真的就只源于一个基因吗?

有媒体推测，负责更高认知功能(如空间能力)的其他基因也许很快就会被发现。对于一些神经语言学家和进化论人类学家来说，“空间基因”就是一个圣杯，是他们长久以来苦苦寻找的东西。他们认为，这种基因在人类近期的进化中曾经昙花一现地主导过我们这个物种。那么，从实际看来，这种基因有可能很快就被发现吗?

很可能不会。虽然人类的空间能力确实有一个基因基础，但是空间能力所涉及的能力有许多种，都分布于左脑一个相当大的区域中。那么，必须有许多不同的基因负责空间能力的不同方面。再试想一下，无可否认(至少在我们目前看来)，人类的空间能力与其他动物的交流体系之间存在着质的差别，但是要想在人类的行为和动物的行为之间划一条明确的界线，那是不可能的。我们都知道，黑猩猩和大猩猩能够迅速地学会辨认和处理随意的符号，用于接收和发送信息。有人可能会说，它们做的事情是否就“真的”是空间，这样的观点可能还需要讨论：无论我们把这种行为叫什么，显然它是人类具有空间能力的一个前提条件。

一个基因缺陷可能会破坏一项复杂的能力，但是单单一个基因却不能说明这项能力

假如有一个基因主要负责对这种符号的处理，例如一个基因负责把特定的形式(无论是看到的还是听到的)与特定的意义联系起来，而这个形式与这个意义之间并没有内在的必然联系；那么，这个基因一定负责任意联系，且处于空间能力的中心。例如，“树”的概念与词语“树”之间的联系就是一个方面的空间能力，而“树”的概念与德语中的arbre或baum的联系是另一个方面的空间能力。如果这个基因受到损伤或发生病变，那么根据我们所知，空间能力将变得不可能。那么，这样的一个基因是“空间基因”吗？不是。正如神经语言学家史蒂文·平克所说的那样，“单个基因(可能)会破坏语法能力，但是这并不是说单个基因就可以控制语法能力。”

对于上文谈论的“空间基因”也是如此。当这个基因缺失时，空间能力确实会遭受严重的损伤。那么，是否这就意味着负责空间推理的就只有一个基因吗？不是的。首先，虽然有构图基因缺陷的人是不可能成为工程师了，但是他们的许多空间方向能力是完整的，否则的话，他们就不可能行走或用刀叉吃饭。另外，构图基因有缺陷会在某种程度上破坏空间能力，但这并不能说明受其影响的那些具体的能力就单单是由这个基因负责的。关于“空间基因” 的可能性，平克的类比用在这里也很恰当：“如果去除分电盘电线，那么汽车将不会行走，但是这并不能说明汽车是由其分电盘电线控制的。”

威廉斯综合症患儿尝试（下端）模仿一幅简单的线条画(上端)。

威廉斯综合症患儿尝试（下端）按照上端图形的构造排列积木。

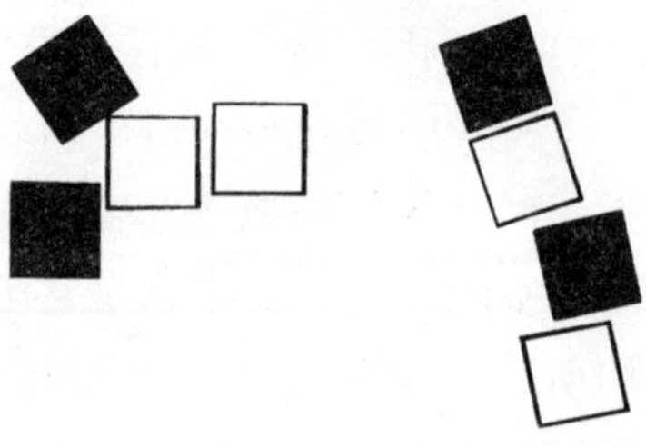

练习：构图

这个练习要用到威廉斯综合症患者所缺乏的一些视觉能力。分布在下面大图片上方和右边的9个小图案可以组合成这张大图片。图片所在的方格上部有数字，左边有字母，你可以借此判断哪个小图案与哪个小方格对应。你可能需要旋转这些小图案，从而使其与大图片匹配。请将你的答案写在每个小图案旁边的空白方格内。

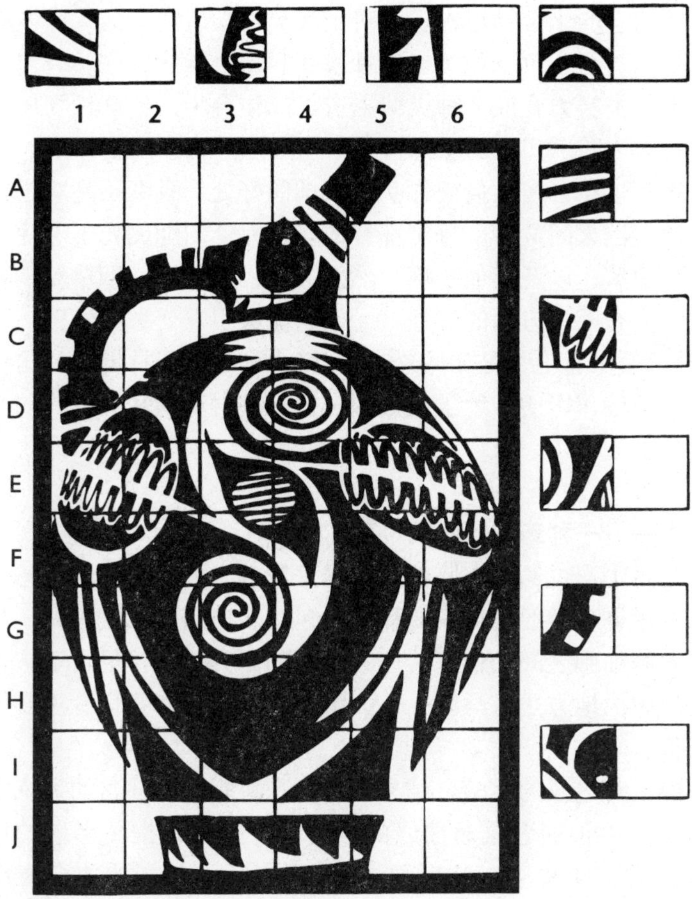

提示：例如，顶端一行的第一个图案逆时针旋转90度之后将与方格5-H匹配。

尼古丁可以改善空间记忆力、学习能力和信息处理能力。有些研究还表明，尼古丁还可以减弱与衰老和老年痴呆有关的记忆力缺陷

莎士比亚说过，“只要用心观察，我们将会发现邪恶的事物中也会包含一些好的东西。”莎翁这句简练的至理名言对于近期的一些研究来说似乎特别适用。最近的研究表明，烟草中影响人类精神状态的化合物尼古丁，对于人类的学习和记忆有许多潜在的益处，甚至还可以预防老年痴呆症和帕金森症。这一研究结果促使人们去努力合成一种类似尼古丁的化合物，使这种物质具备尼古丁对大脑所产生的全部益处，但撇除尼古丁的副作用。

不管烟草公司如何向你吹捧吸烟的好处，吸烟还是对于人类的健康有巨大的危害，每年都有数以百万计的烟民死于癌症、心脏病、中风，以及其他疾病。然而，人们还知道，烟草对于人的精神至少有两个方面的好处：一，它能够引发一种快乐感；二，它能够(至少看上去是如此)提高记忆力和使人保持警醒。这些作用以及这些作用的神经学依据如今已经在对动物和人进行的实验中得到了证实。

尼古丁——一种新型“聪明”药?

尼古丁通过约束大脑的感受器来影响人的大脑。这些感受器可以刺激许多神经传递素的释放，包括多巴胺和乙酰胆碱，从而促进大脑细胞之间的信息传递。最近的研究证明，尼古丁感受器最为集中的地方是海马区——大脑中对于学习和记忆有重要作用的部位。

经过对老鼠的实验，结果表明，在进行穿越迷宫的训练中，尼古丁可以加深老鼠对曲线的学习，并且可以提高老鼠的记忆力。在有些实验中，注射尼古丁4周之后这些影响才会表现出来。在对人类进行的测试中，尼古丁可以提高快速处理信息的能力。而且它还可以改善老年痴呆症患者的短时记忆、空间记忆和反应时间。

看来是大脑皮层的尼古丁感受器参与了这些认知任务，然而这些感受器在老年痴呆症患者的大脑皮层中却没有那么集中，而且有逐渐减少的趋势。有实验通过药物来阻断产生或回应乙酰胆碱的神经细胞，从而模仿这种疾病在健康的年轻受试者身上所表现出来的效果。甚至还有一些证据表明，尼古丁不仅可以促进神经细胞之间信息的传输，而且还可以阻碍有毒血小板的形成，而这些有毒血小板与老年痴呆症的发生有关。

香烟诱发快乐的根源

尼古丁还与多巴胺和多巴胺感受器有相互作用，而多巴胺是一种“快乐”神经传递素。事实上，前脑中似乎有一个特定的区域会被尼古丁、可卡因、安非他明、吗啡等激活。为了避免引起你对人性反常的困惑，我们就要明白，我们在进化过程中发展这些感受器的目的并不是要我们成为“瘾君子”；相反，这些毒品中的化合物只是模仿了大脑自身自然产生的化合物的化学结构。任何刺激多巴胺传递的东西都为大脑带来强大的、愉悦的奖赏，而且大脑会不断地想回到那种受刺激的状态，因此这些毒品就具备了强烈的使人心理成瘾的特性。

为什么吸烟者患帕金森病的可能性要小50%?

通过刺激多巴胺的释放，尼古丁对于降低帕金森病的发生有潜在的作用，而且还可以减轻患有这种疾病者的痛苦。帕金森病是一种脑部变性疾病，它会杀死产生多巴胺的脑细胞。这不仅可以致使患者抑郁和恬淡寡欲，而且还可以使其身体失去控制，发生震颤，最终造成身体的完全瘫痪。

近年来对于神经传递素的研究发展非常迅速，取得了很大的进步。这其中的许多进步都源于与神经传递素或感受器有相互作用的药物特异性的完善。药效广泛、不明显的药物被称为“脏”药，药效特定化的药物被称为“净”药。因为尼古丁潜在的益处已经被证明了，所以人们开始把大量的研究经费投入到合成一种类似尼古丁的化合物，这些化合物只对受到某种疾病影响的感受器起作用。其中这将意味着，人们将调整类似尼古丁化合物的化学结构，以便使它只对相关的脑细胞起作用，而消除其对中枢神经系统的负面影响。

练习：一个无聊的恶作剧

罗德尼·考拉爵士正在整理书架上的书籍，他突然发现两卷的《战争与和平》上面趴着一只蛀虫。

“你该不会是想把我心爱的托尔斯泰当作午餐吃掉吧？”罗德尼问。

“托尔斯泰，什么托尔斯泰？”虫子轻蔑地笑道，“我才不管他什么托尔斯泰不托尔斯泰的。我所知道的就是……”它用饥饿的眼神打量了一番这部小说，然后继续说：“如果你的那些作家都不知道什么时候闭口不言的话，那么我就一辈子都有午餐吃了，我的老婆、孩子也将一辈子都有午餐吃了。”

罗德尼爵士是一位信奉“智慧胜于拳头”的人，于是他决定与虫子进行谈判。

“那好吧，咱们就来做笔交易。你必须吃才能活着，但是我活着就必须得阅读。虽然那部托尔斯泰著作的封皮由于磨损而变得有点破旧了，但它是我最珍贵的收藏。我要与你做的交易是这样的：每卷《战争与和平》都有550页，如果我让你从第一卷的第一页吃到第二卷的最后一页，你能答应我不吃小说剩下的部分吗？”

虫子哈哈大笑起来。“从第一卷的第一页吃到第二卷的最后一页！你疯了吗？我一天能吃掉10页。我不是数学家，但是以这样的速度吃下去的话，我得吃多少周啊，我数也数不过来。”虫子摇了摇头，一副嘲弄的怜悯神态。“你知道吗，天才，也许你书倒是读了不少，但是你的智慧可是不怎么样呀。好吧，就这么定了！”

请问：在这笔交易中，虫子将需要多长时间才能吃完这些页？

提示：一旦你想象一下这两卷书在书架上正常情况下的摆放方式，答案马上就明了了。

练习：一个几何学悖论

罗德尼·考拉爵士有一个非常有趣的谜题。他相信，即使是最聪明的人也会被难住。他决定去访问他的朋友惠特尼，一只在伦敦动物园已过盛年的白颊长臂猿。惠特尼曾经是一位心算高手，但罗德尼想，动物园贫乏的环境可能已经使惠特尼丧失了敏锐的才智。罗德尼站在惠特尼的笼子前，把一只苹果抛向空中，马上又用手接着。

"看看这只苹果，惠特尼。"

"我已经看到了，罗德尼，看上去好像是一只很好吃的苹果。可以给我吃吗？"

"现在还不可以。首先，你得回答我一个问题。"罗德尼从口袋里拿出一个线团，绕着苹果缠绕了一圈。"如果你把苹果缠绕一圈，你需要25厘米的细线。"

"那么苹果的周长就是25厘米。现在可以把苹果给我吃了吗？"

"很对，"罗德尼说。"不过，现在还不能把苹果给你吃。如果我在这25厘米的基础上再加1米的细线，那么你可以看到苹果和细线之间有很长一段距离。"

"我想，如果把它缠绕在苹果上，那么就和你把你的腰带缠绕在我的腰上的效果是一样的：就像英国贵族的道德观念一样松散哦。"

"你说得很好，不过我们应该集中注意力做手头上的事；不要带进个人的情感。那么，我们已经知道了，如果再加1米，苹果和细线之间将有很长的一段距离，对吧？"

"是的，完全正确。"

"不仅仅是有很长一段距离，"惠特尼以轻蔑的口吻说，"而且我还可以告诉你这个距离具体是多少。"

"噢，是吗？那么就告诉我吧。"

"傻瓜都知道，周长等于2乘以π乘以半径。对于这个问题来说，细线形成的圆的周长是125厘米。因此，这个圆的半径，也就是细线与苹果核心之间的距离。假设π的值是3.14，那么也就是125除以6.28，结果将是20厘米。现在，若要知道细线和苹果果皮之间的距离，我们只要用细线的半径减去苹果的半径就可以了。我们已经知道苹果的周长是25厘米，那么用同样的方法，我们可以得到苹果的半径大约是4厘米。20减4等于16。也就是说，苹果与细线之间的距离大约是16厘米。现在我可以吃苹果了吗？"

（下页继续）

“很好。看得出来，你宝刀未老啊。不过，现在还不可以吃苹果。我这里有一道真正的难题。假设我们不用苹果，而用一个非常大的球体。”

“一个和地球一样大的球体吗？”

“没错，”罗德尼继续说。“就像你说的，假设我们不用苹果，而用我们生存的这个地球。想象你在地球上缠绕了一圈细线。”

“在地球上缠绕一圈细线？那怎么能行！脆弱的细线肯定会断掉的，一旦断掉，我们就得重新开始。我们还是用结实的麻绳吧。”

“好吧。我们就用结实的麻绳缠绕地球一圈。现在，让我们重复前面的做法。把我们的麻绳再加长1米。那么问题是：我加了这1米之后，麻绳距离地球的距离是多少？”

“你的意思是说，麻绳会变得有多松吗？”

“是的，千真万确。”

“我亲爱的罗德尼爵士，你令我很失望。”

“我让你失望了吗？怎么会呢？”

“你在不断重复，在浪费你我的时间。”

“重复？”

“是的，不要再重复我的话。我已经回答了你那毫无意义的问题了：麻绳距离地球表面将会是16厘米。”

隔壁笼子里的松鼠猴再也无法忍受了。“你这个傻瓜！”他大声叫喊道，“你完全错了！任何人都明白，增加1米或减少1米对于能把地球缠绕一圈的麻绳来说没有任何区别！唉！16厘米！那麻绳松弛的程度恐怕就连微生物也钻不过去呀！根据你的答案判断，那只不过是你脑袋那么大小。现在，把那只苹果给我吃吧！”

惠特尼瞟了一眼松鼠猴。“别激动，我的朋友，正是那16厘米把你我在进化的阶梯上分开了几档。苹果总是属于那些智商最高的灵长类动物。”他把手伸向罗德尼。“我现在可以吃了吗？”

请问：罗德尼爵士会把苹果给谁，是惠特尼，还是松鼠猴？

提示：事实上，惠特尼根本没有必要用细线的半径减去苹果的半径。只要他简单地计算出了周长为1米的圆的半径，那么就可以得出16厘米这个答案。也许，他是为了清楚起见，才带着罗德尼爵士多走了那一步。

“盲视”及其他惊人的发现：意识之谜

无可否认，认知科学在探索视觉、记忆、空间、恐惧、爱等方面已经取得了巨大的进步。但是还有一些重大的问题没有得到解决：是什么东西把这些方面联系在了一起？我们有能力问这些问题的根本原因是什么？换句话说，意识的中心位置是什么？

很多种类的大脑损伤会破坏意识的某些方面，但是还没有一个部位可以在本质上作为意识的中心。“盲视”症患者的视觉(以及对视觉刺激物的反应)和意识是分离的。当然，我们可以说他们的大脑损伤影响了他们的意识，但是受到影响的只是意识的一个方面。不过，像盲视一类的新奇发现还是可以帮助我们敲开意识的神经本质这个问题的大门的。

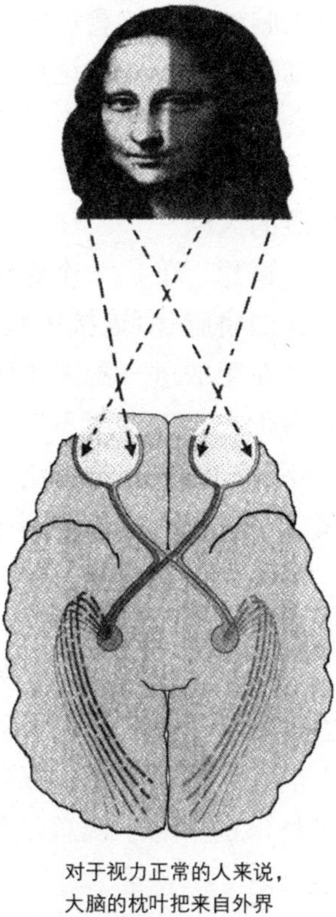

对于视力正常的人来说，大脑的枕叶把来自外界所有的图案、形态、颜色等转变为有意义的物体。

盲视：没有意识的视觉

什么是盲视？失去初生视觉皮层的人没有视觉意识，不能够识别看得见的物体，但是他们的目光会跟着物体移动。从某种意义上来讲，他们“看见”了物体，但是自己完全没有意识到这个事实。

如果初生视觉皮层丧失，不同的动物会出现不同程度或不同类型的视觉缺陷。树鼩和猫似乎保留了大多视觉能力，能够躲过障碍和辨别不同的视觉图案。西半球的猴子视觉缺陷比较严重，但仍然能够用目光追寻，甚至伸手去够呈现给它们的可视物体(尽管在实验中，它们表明“没有看见物体”)。东半球的猴子和人类的视觉缺陷程度是最深的，但从某种意义上来说，他们的视觉至少还有部分是完整的。虽然从他们的视网膜到中脑和丘脑之间仍旧有一条间接的视觉通道，但是由于没有初生视觉皮层的调解，所以他们没有视觉意识。

“直觉”来自哪里?

这样的论据不禁使我们心存疑惑：我们的“直觉”有多少来自大脑中与调解意识的结构(例如初生视觉皮层)部分关联或无关的部位？这类似于这样一种可能性，即我们脑细胞中的铁粒子仍然会起一定的残存作用，帮助我们随着地球磁场调整自我。

分裂的大脑

试想一下，一个癫痫症患者的病情非常严重，结果医生切除了他的胼胝体(连接大脑左右两个半球的神经纤维束)。如果你把他的左手放进一碗冰水中，问他是否感觉到手冷，那么他会依次回答你“是”和“不”。如果给他看一张纸，上面写着“是”和“不”，那么他们会用左手指向一个答案，右手会指向另一个答案。事实上，他们有两个意识中心。

不过，对于来自身体两侧的刺激物都有反应的两个意识中心与没有意识中心(没有意识的自动反应)是根本不同的。当然，我们可以关闭除脑干之外一切部位的活动，从而可以使某个人失去意识。但是，这会关闭大多数或全部“高级”大脑功能，因此人们在这种情况下的表现不会像他们在没有意识的情况下那样。另外，这不等于说意识是源于大脑某个确定区域的各种脑功能的融合。

“盲视”的证据表明，甚至像视觉一样显然完整的东西也包含许多方面，而人们只有在这些方面受损分离时才能够将它们区分开来。在各种感觉形成的过程中，例如视觉、嗅觉等，大脑中有不同的区域来处理这一切。不同的神经元会在大脑的不同区域产生冲动，而让人不解的是，这些神经元是如何整齐划一地同时在大脑中产生冲动呢？这个问题常被称为“捆绑问题”。

我们为什么不会自动反应呢？

对于捆绑问题，如今已经有了许多试验性的回答，但没有一个令人特别满意。其中一种说法是，广布分散的神经元如果以同样的频率振动的话，它们可能会在大脑中发生联系。另一种观点认为，当神经元同时发生冲动时，这种联系才可能发生。但是这两种方法好像都没有很好地解决这个问题，因为对一个感受作出反应的神经元通常既不会以同样的频率也不会同时发生冲动。还有人认为，来自大脑不同部位的神经元发生冲动时，虽然看上去很混乱，但实际上其中可能隐藏着一个模式，也许这个模式可以在某种程度上解释它们的融合，但这只有在破解了它们的密码的情况下才可能解释。

当然，还有些人认为，人们不可能找到一个物质基础来解释意识问题。从常识的角度来看，我们只能接受这样一个事实，即我们的大脑在进化过程中，为了满足物质环境的需求，它有着与生俱来的局限性，这一点与其他任何生物有机体是一样的。有些问题可能是由其本性决定的，是天生就有的，无法回答。但我们确实感到满意的是，我们已经理解了其他一些问题，虽然这些问题对于生存来说价值不大，狗或天竺葵可能根本不会理解。比如说，我们能够理解DNA的结构，我们能够理解所有印欧语言的基本特征。

自我意识的生存优势是什么？

然而，即使我们最终发现了意识的物质基础，那么它还是回答不了关于意识也许是最终、最难的问题：我们为什么会对经验进行主观整合？换句话说，为什么我们具有自我意识的能力？这个问题似乎与其他困扰西方科学家的那些难题一样难于回答：生命是如何从无生命的物质中衍生出来的？宇宙会永远存在吗？人类怎样才能打开真正的智慧之门？

练习：旧货甩卖

你是否曾经见过下面这些古老的家庭用品？这个练习要求你同时具备视觉记忆力和“工具命名”能力。当然还有运气。

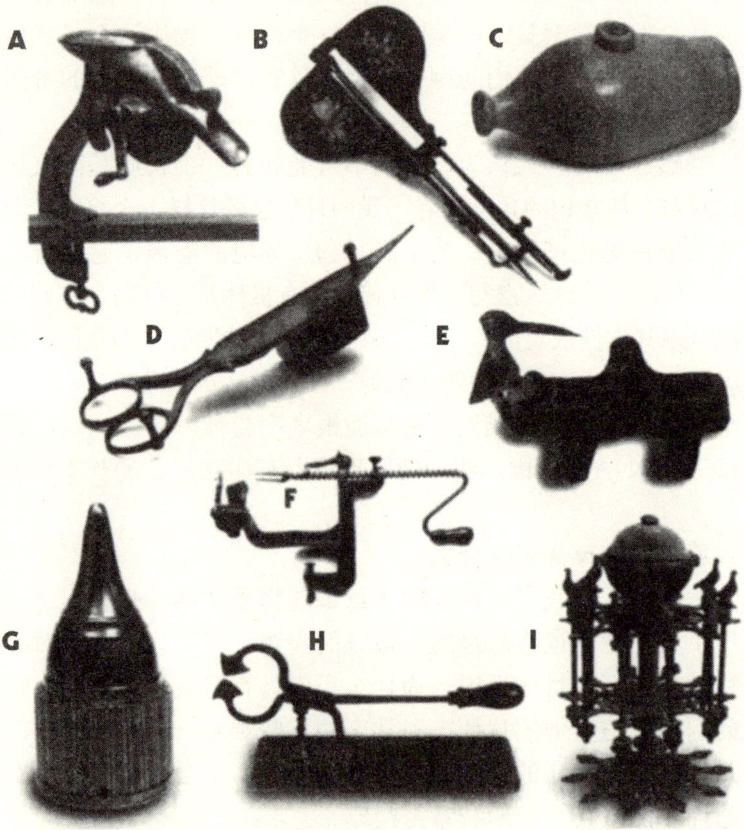

见而不解：视觉失忆症

中老年人中最常见的一种疾病是不能够记起物体的名称。在暂时遗忘的情况下，他们会把邮箱说成是“放信件的箱子”，把螺丝锥说成是“开葡萄酒用的小金属螺圈”。

这种暂时性遗忘有时被称为“良性衰老性遗忘”，绝对不是可怕的老年痴呆症发生的先兆。虽然它可能会令人感觉不安，但是比较起相当罕见的“视觉失忆症”来说，这种正常的与年龄有关的遗忘根本不算什么。视觉失忆症不仅会影响到患者为物体命名，而且还会影响患者对物体本身或功能的识别。

视觉失忆症有两种基本类型：统合失忆症和联想失忆症。根据标准测试，统合失忆症患者的视觉能力相对比较好，比如他们能看到颜色和分辨光线的强弱。但是，统合失忆症患者不仅不能够说出或识别物体的名称，而且他们甚至不能够将看到的东西画成一个简单的草图。

右边是统合失忆症患者尝试模仿一座房子的简单的线条画。统合失忆症患者有良好的视觉，但是既不能够识别也不能够复制物体。

然而，联想失忆症患者能够相对逼真地复制出线条画。但是，他们与统合失忆症患者一样，也不能够说出或识别所画物体的名称。他们对物体的感知完全集中于细节，而不在于整体图样。他们很像是那些无知的伪造者，煞费苦心地复制一份文件或签名的一笔一画，但却不知道其中到底写的是什么。

联想失忆症的其他特征同样很古怪。联想失忆症患者完全不能够通过视觉来命名或识别物体，但他们能够通过触摸而立即识别出物体。他们不知道自己盘子里盛放的是什么食物，甚至不知道它们是否能吃，只有放到嘴里尝了后才知道。

你可能会认为，失忆症只是由于大脑的视觉中心和空间中心发生某种分裂而造成的。然而，这种说法是不正确的，因为失忆症影响的不仅是患者的命名能力，而且还影响到了患者对物体的基本识别能力。

另一种理论指出了大脑内储存的视觉图像在物体识别中的作用。如果这些储存的视觉图像受到损坏或不能够被提取，那么外界的视觉图像将无法在大脑中找到相匹配的图像。实际上，这就使得那些最常见的物体对于患者而言，却像是第一次看到一样。

还有一种更有说服力的理论。它认为，人们对于物体的识别和记忆被储存在了神经元网络之间的连结之内：这种连结越强大，记忆就越牢固。当联想失忆症患者复制一幅线条画时，他们会画得非常缓慢、非常费力，而且不能够识别每个细节所代表的图案。如果联想失忆症是由于一个神经网络受到破坏而引起的，而神经元本身并没有受到损伤，那么这就能够解释为什么患者只集中注意力于细节而不能识别图像的整体图案。

练习：右脑注意力缺失

右脑损伤可能会引起“视觉注意力缺失”或“忽视”，即对一侧视野的视觉刺激物没有意识。例如，右脑中风患者可能只吃盘子右边的食物，然后抱怨说给自己提供的食物分量不足。

画点

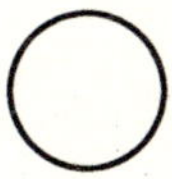

将本页平放在你的正前方。用一支铅笔在圆圈内部画一个点，然后将手放在大腿上休息。这样重复几次之后，闭上眼睛，继续在圆圈内部画点，每画一个点就将手放到大腿上休息一会儿。重复进行5次之后，睁开眼睛，看看你做得怎么样。

（下页继续）

数点

在10秒钟之内尽可能多地数这些圆点。数一个圆点之后就用铅笔做一个记号。

结果：

画点：如果你画的点都集中在圆圈的右部，那么则可能说明你的右脑受到了损伤。

数点：如果你没有数左边的点，那么则可能说明你的右脑受到了损伤；如果你没有数右边的点，则可能说明你的左脑受到了损伤。

生物钟和阳光可以告诉我们何时去睡觉

人类生来就有一个“生物钟”，用于调节我们每日的睡眠周期。如果不受太阳活动周期或外部计划的影响，那么我们自然会遵循一个稍稍超过24小时的睡眠和活动周期，也就是说，我们每天睡觉和起床的时间都会稍微晚一点。于是就有了一种危险的推测，所有的人类文明，无论是创造性的激励还是毁灭性的行为，都是对这种不和谐所产生的紧张作出的反应。

然而，我们内在的生物钟会随太阳一起“运转”：我们的生物钟会根据白昼的长短作出自我调整。关于这一点是如何发生的正在逐渐被人们所理解。我们很可能有一套特殊的光感受器，专门用于控制我们的生物节律。这些感受器通过视神经投射到下丘脑(生物钟的物质核心)。

受到阳光影响的褪黑激素水平在盲人与明眼人身上的变化无差别

最近有人研究了对光线毫无感知的盲人，结果明确显示，专门用于控制我们生物节律的光感受器不同于视觉中正常使用的光感受器。人们早就知道，有些盲人会经常出现失眠症，有人认为这可能是因为他们不能够根据太阳活动周期的变化来调节自己的生物钟，但是有些盲人从来就没有出现过这类问题。在这个实验中，当盲人在眼睛无遮盖的情况下暴露在强光之下时，许多受试者都明显表现出了褪黑激素水平的升高，而褪黑激素只与接受光线照射有关。因此，虽然说盲人的眼睛看不见东西，似乎没有什么用处，但是他们的眼睛好像保留了一种特殊类型的光感受器，而且能够正常工作。

练习：时间间隔

仔细观察下面5个时钟中前4个所显示的时间。按照从左上方到右下方的顺序看，你能找到这些时间间隔背后的逻辑规律吗?

如果你认为自己找到了，请在第五个时钟上面画出正确的时间，使其继续这个规律。

提示：第三个时钟被旋转了，不要被这个事实所愚弄。它的时间是6:00，而不是2:45。从第四个时钟倒过来看，可能会有所帮助。

练习：假面

下面一堆7个积木上面的白色图案显示了积木6个面上的字母位置和方向——但不是所有7个积木都是这样的。哪个积木不具备这样的图案？

提示： 如果你不能在头脑中将这个图案折叠成一个立方体，那么就试着把其他立方体打开。注意一个字母的哪一端面对着另一个字母的哪一边，例如字母C开放的一边与字母H。

练习：空间智力?

下面这个练习是用来锻炼右脑的（假如你是个惯用右手的人）。

下面有标有A、B、C、D、E的5组图形，每组中的图形都很相似。它们是经典的“斯坦福—比奈”智商测试的一个组成部分。你的任务是找出每组5个图片中相同和不同的地方。在每组图片中，其中有一个不符合“正确”的模式，也就是不符合最一致和最可预测的模式。当然，它不是错误的图片，只是不同。

很多人感觉，随着从A到E逐步进行下去，难度会越来越大。

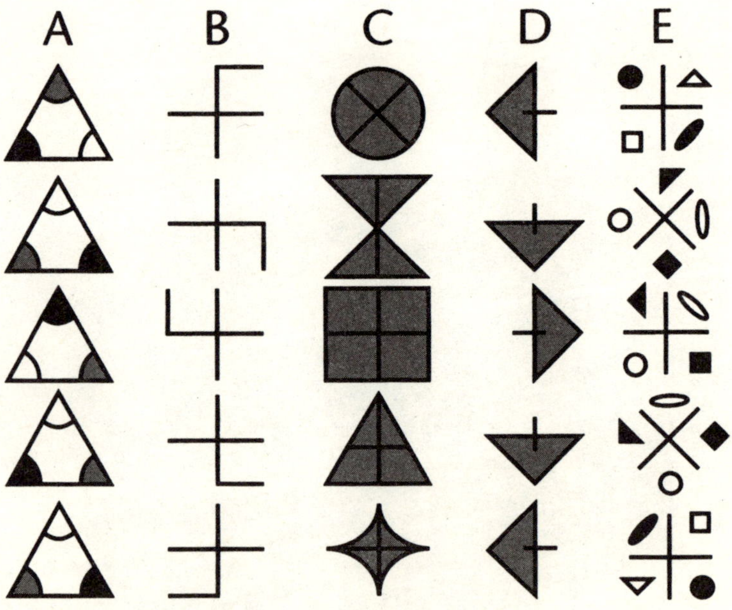

提示：在A组和D组中，试着旋转图形，看看它们是怎么排列的。在E组中，当图形中直线呈对角线、水平线和垂直线时，观察图形之间的关系。

参考答案

执行和社交

7～10页 混乱的卡通

下面是正确的图片顺序。图片的标号与原来混乱时的顺序一致。

A

B

C

D

11页 混乱的卡通

下面是正确的图片顺序。图片的标号与原来混乱时的顺序一致。

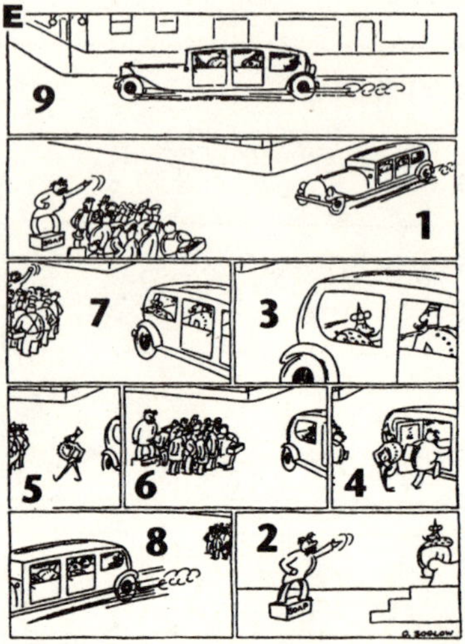

13页 判断情感

右边图画被翻转了。

17页 右脑型抽象概念理解

1) 9	11) smart
2) l	12) bill
3) check	13) 9
4) ray	14) G
5) to	15) cud
6) on	16) 352897
7) stop	17) nip
8) do	18) F
9) 1324	19) 9
10) lit	20) sure

15页 与一个人的“右”脸相处

既不是积极的方面也不是消极的方面，而是中性情感。人脸的右面更有可能表现出积极的情感。左面表现出消极的情感。当你与陌生人面对面时，你的右脑（主要负责感知情感的大脑半球）会看到他鼻子左侧脸面上的表情。对于他来说，那是他自己的右脸，通常情况下由他的左脑（积极情感）控制，不由他的右脑（消极情感）控制。因此，你很可能会看不到他个性的消极“面”。

20～21页 眼睛说明一切

1. 傲慢的眼神
2. 中性眼神
3. 愤怒的眼神

26页 家庭的烦恼

首先，他开车把母亲送到餐馆。然后，他开车回家接岳母，把她送到餐馆。把岳母放下车之后，他要母亲坐车和他一道返回家中。当他和母亲到家之后，他让母亲下车，接他的妻子到餐馆，把妻子与岳母一起留在餐馆里。最后，他又开车回家接母亲，与她一起返回餐馆。

25页 身份之谜

第一部分

不能。如果双胞胎兄弟中有一个真的是凶犯，他用这个问题是不能找到真正的凶手的。无论两个人都回答“是”还是“不是”，都不可能辨别出谁说的是实话，谁说的不是实话。这里存在两种可能性：一个兄弟是说谎者，另一个兄弟是讲实话的人；一个兄弟是凶犯，另一个兄弟不是。如果第一个兄弟是说谎者，并且回答“是”，那么他一定是凶犯，而他的兄弟不是。这就意味着，他的兄弟是无罪的说实话的人，那么在这种情况下，他对这个问题（即这起凶杀案是你的兄弟干的吗？）的回答也会说“是”。如果第一个兄弟是说谎者，并且回答“不是”，那么另一个兄弟就是凶犯，但这就意味着这另一个兄弟是说实话的凶犯，而且对于这个问题（即这起凶杀案是你的兄弟干的吗？）的回答也将是“不是”。无论怎样，两个兄弟给出的答案都将相同，不可能知道谁讲了实话，谁是凶犯。

第二部分

一个兄弟是总是说谎，而另一个兄弟只讲实话，假设这个前提成立，那么只有两种可能性。第一种可能性是，目击者一定弄错了，即两个兄弟都不是凶犯。其中的逻辑是这样的：如果第一个兄弟是说谎者，并且回答“是”，那么第二个兄弟就不可能是凶犯。另外，如果第一个兄弟是说谎者，那么第二个兄弟一定说实话。但是，如果第二个兄弟回答“不是”，那么第一个兄弟一定是无罪的。因此，两个兄弟都是无罪的。

第二种可能性是，两个兄弟都实施了凶杀。让我们假设第一个兄弟是说实话的人，那么第二个兄弟一定有罪。这就意味着，第二个兄弟是撒谎的凶犯。但是，第二个兄弟回答“不是”，由于他是说谎者，因此就意味着第一个兄弟一定有罪。因此，两个兄弟都有罪。

第三部分

首先应该找出哪个兄弟是说谎者。这可以通过问第一个兄弟一个你们两个都知道答案的问题。“你有一个双胞胎兄弟吗？”就是一个很好的问题。如果第一个兄弟回答“有”，那么你可以得知第二个兄弟一定是一个说谎者。然后你可以问第二个兄弟：“这起凶杀案是你干的吗？”如果他回答“是”，那么你就知道（由于他是说谎者，并且假设其中一个兄弟确实是凶犯）第一个兄弟是凶犯。

但是，如果第一个兄弟回答“没有”，那么你就知道第二个兄弟是一个说实话的人，而且将如实交代他的罪行。

27页 狸、鹅、谷物

先把鹅带到对岸，然后返回来接狐狸。把狐狸带到对岸后，把鹅重新放进小船，带着鹅返回。把鹅留下，把谷物装进小船带到对岸，把它与狐狸留在对岸。最后，返回来接鹅。

不管安东尼奥第二次接的是妻子还是岳母，也不管农夫第二次接的是狐狸还是谷物，这都没有关系；关键是，第一个送过去的应该是与其他最不能共处的，也就是第一个故事中的母亲和第二个故事中的鹅。

28页 安德斯的困境

需要2个助手。第一个助手携带4天的给养，经过第一天的旅行之后，他给另外一个助手一天的给养，给安德斯一天的给养。这使他们每人又有了4天的给养。第一个助手用他剩余的给养返回家。安德斯和另外一个助手完成另外一天的旅程，然后另外一个助手给安德斯一天的给养，于是他再次有4天的给养，足以到达边防站。他的助手也有足够的给养在两天内返回双纳克。

57页 在最快的跑道上

1-F；2-B；3-D；4-A；5-E；6-C

我们将会在2038年左右看到百米赛跑的成绩突破9秒钟。

29页 点菜

1. 杰克逊点了马提尼、烤牛肉、蛋糕。 2. 琼斯点了苏格兰威士忌、烤野鸡、馅饼。3. 乔丹点了马提尼、牛排、蛋糕。4. 詹金斯点了可乐、烤牛肉、馅饼。5. 詹宁斯点了苏格兰威士忌、牛排、冰激凌。

47页 如果–那么的思考方式

第四句话是唯一正确的句子，因为它确认了其他句子都是错误的。

43～45页 额叶逻辑

第一部分

如果只有一个信封给出了正确的指示，那么这个信封一定是B，也就是说A给出的指示是错误的，因此A信封中没有续约书。假设A正确，那么B一定是错误的；但是，假设其中一个信封中装有解雇通知书这个前提是正确的，那么B一定正确。

第二部分

右手里的信封。让我们假设左手里的信封包含有续约书，那么它的指示一定是正确的。又因为它上面的指示是“选择哪个信封都一样”，所以我们可以推断右手里的信封也必须包含有续约书。但是，如果这一点正确的话，那么右手信封上所写的指示就一定是错误的，因为我们知道，“如果右手里的信封装有续约书，那么信封上的提示将是错误的”。因此，左手里的信封装有续约书是错误的，这与第一个假设相矛盾，所以第一个假设一定是错误的：左手信封里不可能包含有续约书。

第三部分

信封A。让我们假设信封A是正确的，它确实装有解雇通知书，那么其他信封一定是错误的。如果信封B错误，那么它里面也装有解雇通知书。如果信封C错误，那么信封B就装有续约书，而不是解雇通知书。这就出现了矛盾，因此信封A一定是错误的。所以信封A装有续约书，而不是解雇通知书。

记　忆

66页 牌感

69页 词环

1. Grater
2. Terse
3. Secret
4. Retire
5. Red herring
6. Ringmaster
7. Sterno
8. Noticing
9. Icing
10. Ingrate

76页 术语记忆

			B					M				
			L			A	M	N	E	S	I	A
			I					E				
E			N		I			M			P	
X			D		M			O			R	
P	R	O	S	O	P	A	G	N	O	S	I	A
L			I		L			I			M	
I			G		I			C			I	
C			H		C						N	
I			T		I						G	
T					T							

80页 加法锁

[1]1	[2]4	[3]2		[4]4	[5]9	2
	[6]9	4		[7]7	8	
	[8]8	3	[9]4	6	2	
[10]8		[11]6	3	8		[12]9
[13]9	[14]8		2		[15]7	8
[16]6	9	7	8	3	2	4
	4		6		8	

88页 分配数字

1	3	8	1	2
8	4	3	2	1
3	2	1	4	5
2	7	5	6	4
4	1	2	5	6

90页 数字锁

[1]8	[2]1	■	[3]6	[4]4
[5]3	4	[6]3	■	5
■	[7]4	3	[8]2	1
[9]4	■	[10]2	5	5
[11]5	1	2	■	5

91页 数字锁

[1]1	[2]6	■	[3]2	[4]4
■	[5]1	[6]9	2	9
[7]1	7	6	5	■
[8]3	1	■	■	[9]2
■	[10]6	2	5	5

92页 联锁字谜

	1	2	3	4	5
1	S	H	A	V	E
2	H	A	V	E	N
3	A	V	E	R	T
4	V	E	R	S	E
5	E	N	T	E	R

98页 记忆通道

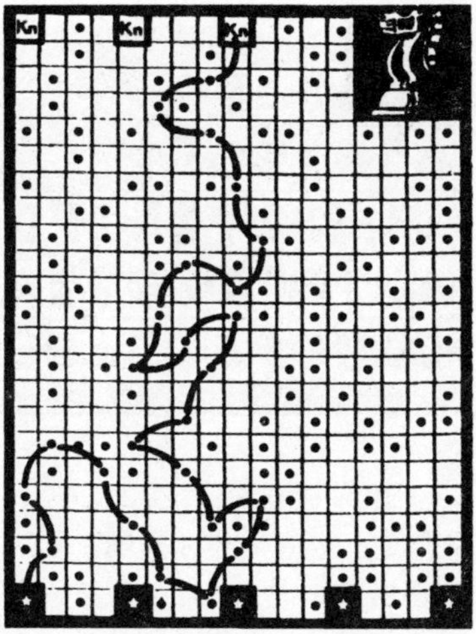

106页 地理学

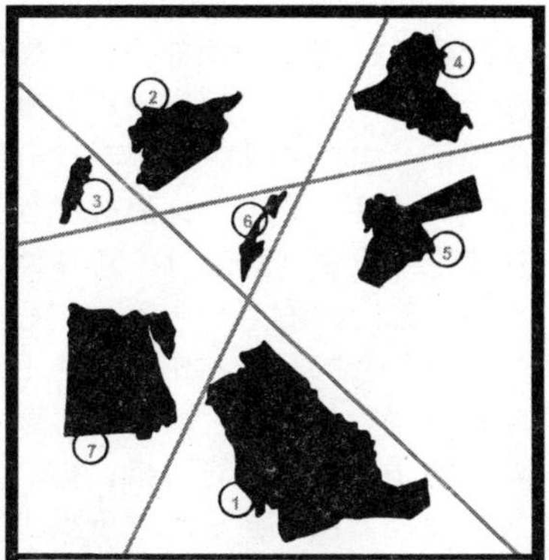

104页 纵横字谜

				[1]P	G				
				L		[2]F			
			[3]Q	U	I	R	[4]T		
				C		[5]O	V	[6]E	N
	[7]J			K		S		X	
[8]B	A	W	D	Y		[9]H	Z		
	M								

110页 个人配对

（方案一）	（方案二）
鲜花—蜜蜂	半身雕像—乐谱
半身雕像—凿子	浮标—航海信号旗
浮标—轮船	轮船—玻璃杯
牛奶—玻璃杯	牛奶—奶牛
奶牛—黄油	黄油—调味粉瓶
喷水壶—调味粉瓶	小刀—面包
航海信号旗—乐谱	橡子—树
斧头—树	橡树叶—喷水壶
橡树叶—橡子	斧头—凿子
小刀—面包	蜜蜂—鲜花

118～119页 策略

最佳策略是，不论顺序，将网格分成更小的两部分，不断分下去。例如，可以以这样的顺序提问：“它在网格的上半部分吗？”（“不，不在”，那么你就知道它在下半部分。）“它在网格下半部分的右半部吗？”（“是的，在”）“它在这右半部的上半部分吗？”等等。运用这个策略，对于一个2×2的网格，你仍然需要问2个问题，但对于更大网格，这个策略的优势就体现出来了，比一行一行进行询问要好得多。对于一个8×8的网格，你问的问题不需要超过6个，对于一个100×100的网格，共有10000个格子，那么你始终用12个问题就能够得到答案。

116页 心理游戏

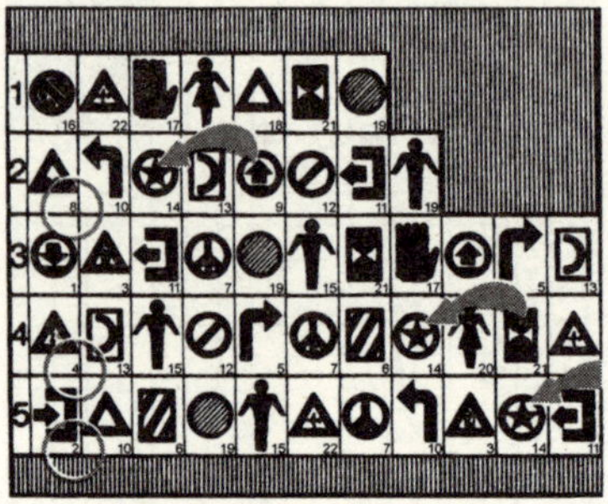

当你被告知“在2、4、5行”时，注意观察左边第一栏内的小数字。与2、4、5行第一个标志相邻的小数字分别是8、4、2。它们的总和是14。现在，观察与数字14相邻的标志——正是圆圈里有颗星的标志。

120页 排除可能性

选择一个盖子上标有两个6的箱子。如果你摸到一个香蕉，那么这里面一定装着12个香蕉（因为箱子的盖子被调换了。）盖子上标有12个香蕉的箱子里一定装的是12个柠檬。所以，盖子上标有柠檬的箱子里一定装的是6个柠檬和6个香蕉。但是，如果你从标有两个6的箱子里摸到的是一个柠檬，那么里面装的一定是12个柠檬，12个香蕉装在标有“12个柠檬”的箱子里，柠檬和香蕉装在标有“12个香蕉”的箱子里。

123～124页 找出单个

绵羊

小丑和马

画家的调色板

狮子

一盒茶叶

公牛

情感

143页 面部表情与情感

144页 情感

147页 找关键语

这个故事本来的关键语是3。关键是，记忆力的丧失与衰老有关。如果养老院的老人忘记自己的名字，他们知道可以走到前面的那张桌子旁，询问护理人员。

152页 体液

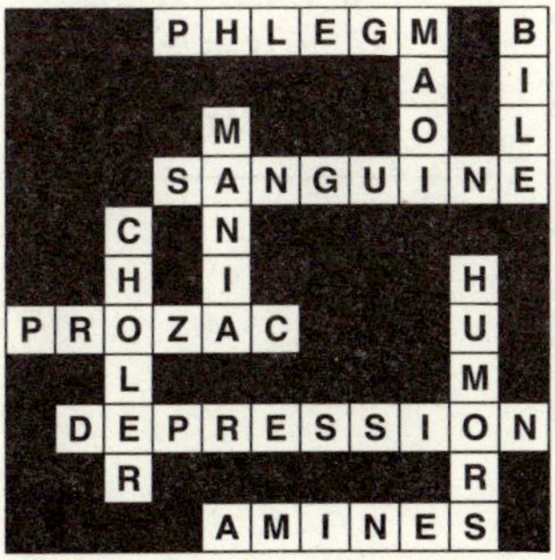

151页《忧郁I》

图画中央的天使象征着渴求知识、富有创造力者的失落和绝望。她被困在沙漏后面的翅膀表明，艺术家和工匠的努力有严格的时间限制。

所有的度量仪器都是用于设计和建筑的工具：沙漏、天使手里的圆规、天平和一块两边都有洞的直尺（两个洞用于画圆）。

其他能看见的工具和建筑材料有天使脚旁的锯和刨子、钉子，用作装饰壁带的一段布料、锤子，用于熔化金属的坩埚和炉火、石轮，两个对角被砍掉的立方体（乍一看像三棱镜）。

这些物品许多也是几何和数学图形，例如天使脚旁的球体、头上方的幻方、彩虹的弧线。

天使腰带上系的钥匙和小袋子象征着权力和财富；或许是对知识和技能不懈追求的奖赏，或许象征着由于富有创造性的努力和对知识的追求而引起的“忧郁”之前，权力和财富之间的不相关性。

169页 术语测试

							P		
							E		
P	R	E	F	R	O	N	T	A	L
	E								
A	M	Y	G	D	A	L	A		

语　言

188页 语言受损

1. scion = icons
2. knead = naked
3. janes = jeans
4. ruses = users
5. lager = regal
6. finer = infer
7. sited = edits
8. snail = slain
9. charm = march
10. tacos = ascot
11. grape = pager
12. brail = libra
13. sonar = arson
14. nerve = never
15. sarge = gears
16. surge = urges
17. later = alter
18. luger = gruel
19. spice = epics
20. ideal = ailed
21. dirge = ridge
22. lease = easel
23. wakes = askew
24. curbs = scrub
25. canoe = ocean
26. rifle = flier
27. gable = bagel
28. spore = ropes
29. blame = amble
30. trine = inert
31. stone = notes

"injuries map language areas of brain"

192页 词环

1. Reed
2. Edgar
3. Garage
4. Agent
5. Entire
6. Tiresome
7. Somebody
8. Bodywork
9. Working
10. Kingston
11. Tonsure

187页 令人困惑的言语

A. 威尼克失语症
B. 布洛卡失语症
C. 失用症

195页 不可构建的结构

1. 你和你妈妈还有另外一个人在谈话；另外一个人是谁?
2. 你知道是否有个人和你的妈妈谈话；那个人是谁?
3. 你和一个已嫁给某人的妇女谈话；那个妇女嫁给了谁?
4. 让约翰感到心烦的是你知道某个人；那个人是谁?
5. 这就是那个女人，她被昨天和你谈话的那个男人抛弃了。
6. 你看见那个男人同你昨天遇到的那个女人在谈话；这就是那个男人停的车。
7. 这就是理查德要把包裹邮寄给的那个人；这个包裹就是你在房间里从头到尾阅读指示的那个包裹。
8. 我不喜欢你这事很令人心烦；这事是昨天你见到的那个家伙遇到的那个人告诉你的。
9. 你如果使用同样的结构，那么你就无法问那个问题。你必须完全换一种结构：What size boxes do you need?（你需要多大号的盒子？）
10、11. 这两个句子是无法变为主动句的。rumored和reputed这两个动词只用于被动语态，作为及物动词，它们没有主动形式。

207页 童言

1. B；2. A；3. A；4. B；5. B

208页 语言学习的阶段

1. D；2. C；3. D；4. A；5. B；6. D；7. C；8. A；9. D；10.B；11. D

200页 妈妈和爸爸

词语配对：

1. 威尔士语mam指“妈妈”
   tad指“爸爸”
2. 希伯来语aba指“爸爸”
   ima指“妈妈”
3. 斯瓦希里语mama指“妈妈”
   baba指“爸爸”
4. 泰米尔语ammaa指“妈妈”
   语言地理：
   appa指“爸爸”
5. 汉语pa pa指“爸爸”
   ma ma指“妈妈”
6. 达科他语ena指“妈妈”
   ate指“爸爸”
7. 土耳其语annecigim指“妈妈”
   baba指“爸爸”
8. 格陵兰语anaana(q)指“妈妈”
   ataata(q)指“爸爸”

A. 达科他语； B. 希伯来语；
C. 泰米尔语； D. 土耳其语；
E. 斯瓦希里语； F. 威尔士语；
G. 格陵兰语； H. 汉语

209页 组词游戏

“The critical window of opportunity to learn languages easily and fluently closes at puberty.”

213页 藏头露尾

contaminated = infected
large number = billions
rabbit food = salad
undisciplined = wanton
jeweled crown = tiara
lacks hearing = deaf
living kingdom = animal
mark indelibly = brand
extend grasp = reach
post-Thursday = Friday
fedora & bowler = lids
to force exile = banish
“A feral child is an infant abandoned after birth and raised by social wild animals.”

223页 组词游戏

“We may be relying on fundamentally different strategies for producing and processing irregular patterns.”

224页 PET脑部扫描图

A: 思考与说话
B: 听人说话
C: 背诵单词
D: 默读

218页 翻译洋泾滨语

1. Ifu laik meiki, mo beta make time, mani no kaen hapai.
   if like make more better die time money no can carry
   “如果你想建造(什么东西)，你应该在死之前做，你不能够把它带走！”
2. Aena tu macha churen, samawl churen, haus mani pei.
   and too much children small children house money pay
   “而且我有许多孩子，小孩子，而且我得付房租。”
3. Luna, hu hapai? Hapai awl, hemo awl.
   foreman, who carry? carry all, cut all
   “谁把它带走，老板？每个人都会把它切断，每个人都会把它带走。”
4. Mi paitim em long diwai me holim longen.
   I beat him with stick I hold at it/that.
   “我用我拿着的棍子打了他。”
5. Bai me toktok long ol asua husat bai i kamap...
   I future talk-talk about problems who/that come up
   ... sapos Tok Pisin i kamap nambawan tokples bilong Papua Niugini.
   suppose Tok Pisin come up munberone language belong Papua New Guinea.
   “如果巴布亚新几内亚人说的混杂语成为新几内亚的民族语言，那么就会出现一个问题；我将讨论这个问题。”

数 学

231页 一个代数运算之争

小女孩有35只；小男孩有49只。因为他们的彩蛋数量相差14个，当小女孩说“把你的彩蛋给我7只，我们将有相同数量的彩蛋”时，她的说法不仅是正确的，而且是站在社会公平的角度上作出的反应。有了这样的公平，我们大家则都会有培根（熏猪肉）吃了。弗朗西斯·培根也许会同意这一点。

233页 数字锁

■	^{1}2	^{2}5	■	■
^{3}1	2	1	■	■
^{4}6	6	9	■	^{5}1
■	^{6}1	1	^{7}2	4
^{8}4	9	■	^{9}6	4

237页 集中注意力

有5个4，5个g。

240页 数字锁

[1] 1	[2] 8	■	[3] 2	[4] 8
■	[5] 1	[6] 2	2	1
■	■	[7] 1	2	9
[8] 1	[9] 2	2	5	■
[10] 6	4	■	[11] 5	4

241页 趣味时钟

A组

空白时钟显示的时间应该是2:15。其中的规律是，右边时钟所显示时间是其左边相邻时钟所显示时间的一半。2:15是4:30的一半，4:30是9:00的一半，9:00是18:00的一半（此时时钟已经走了12个小时再加上6个小时，所以到了6:00），6:00是12:00的一半。

B组

空白时钟显示的时间应该是4:00。将第一、第二个时钟所显示的时间相乘（2 × 4 = 8），结果正好是第三个时钟所显示的时间。空白时钟前面两个时钟所显示时间的乘积等于64。时针走完5圈后，剩余4，所以就是4:00。

244页 数学想象力

A组

将每个立方体可见面上的数字相乘，除了左边起第三个乘积为80之外，其余的乘积都是40。因此，左起第三个立方体上面的数字与其他3个不符。

注意左起第三个立方体和第一个立方体上5和8的方位。因为数字不符与空间位置不符的立方体不是同一个，因此第一个立方体上的数字空间位置与其他不符。

B组

将立方体可见面上的数字相加，除了左起第三个立方体各个面之和为76之外，其他立方体各个面之和都是72。因此，左起第3个立方体上面的数字与其他几个不符。

注意左起第三个立方体和第一个立方体上36和12的方位。因为数字不符与空间位置不符的立方体不是同一个，因此最后一个立方体上的数字空间位置与其他不符。

248页 相对数字

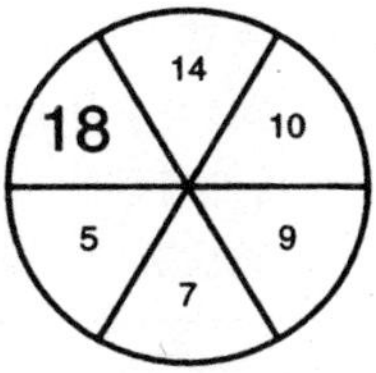

在这个圆中：一个数字是其相对数字的两倍。

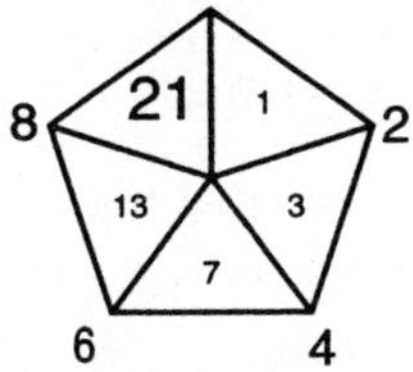

在这个五边形中：数字顺时针依次增加2、4、6、8。

这个星形是由两个重叠的三角形组成的，每个三角形内部的3个数字之和等于48。

245页 可不要发疯哟！

A组中所有数字的形状都是曲线。C组中只有直线。B组中既有曲线也有直线。因此，38应该属于A组；16属于B组，17属于C组。现在，请平静下来！你可是承诺过自己不会发疯的。

249页 乘法表

7	×4	- 8	=20
3	×9	- 7	=20
6	×5	-10	=20
3	×8	- 4	=20

空　间

257页 空间中的形状

A. 我们想让它成为一个有3个分叉的叉子，但是画家艾歇尔使得中间的那个分叉若隐若现。

B. 你看到是抽象的、令人困惑的黑块，还是组成一个单词的字母？你现在感觉（FEEL）如何？

C. 你看到的是一瓶草，还是两张相向而视的人脸的轮廓？大多数人首先看到的是瓶子，因为他们的经验告诉他们“前景”的物体是黑色的。

261页 面孔

约瑟夫·斯大林

林顿·约翰逊

杰奎琳·欧纳西斯

温斯顿·丘吉尔

弗兰克林·D·罗斯福

262页 眼球大挑战

第一排：猫的耳朵	可口可乐的标识	英式小松糕
第二排：10、1、20美元钞票	插刀片的座子	安全别针
第三排：粉碎的小麦	起钉机	钉书钉
第四排：手指甲	书脊	轮胎面

267页 构图

上排，从左到右：
5H，6F，4J，3D
右排，从上到下：
1G，2E，3F，1C，4B

270页 一个无聊的恶作剧

不需要多长时间。事实上，虫子是这笔交易的输家。一本书放在书架上时，书脊是冲着我们的，所以当我们面对书时，书的第一页在右边，最后一页在左边（这与我们从书架上拿下来书阅读不同，阅读时翻开书后的第一页在左边，最后一页在右边）。因为书架上第一卷书放置在了第二卷书的左边，所以虫子将从第一卷书最右边的一页吃到第二卷书最左边的一页，也就是两卷书在书架上相邻的两页。那么，根据双方的协议，虫子只能吃这第一卷书的封面和第二卷书的封底；而罗德尼曾经说过，两卷书的封皮已经有些破旧了，因此就算让虫子吃掉也不可惜。

276页 旧货甩卖

A. 去樱桃核机；B. 挂毛毯的工具；C. 陶制热水瓶；D. 烛剪；E. 木制厨房火柴存放器（小鸟尖尖的喙用来啄火柴）；F. 苹果削皮机（同时还可以去苹果核）；G. 小鸡喂水器（放置在一个浅浅的盘子上；尖顶用于防止小鸡爬上去弄脏水）；H. 用于粉碎岩盐和冰糖的钳子；I. 带线轴的缝纫盒

283页 假面

有3个积木不具备这样的图案。2号积木上的字母T再旋转90度；6号积木上的字母T应该改为字母O；7号积木上的字母C应该反转一下。

271～272页 一个几何学悖论

苹果应该给惠特尼。无论麻绳缠绕的球体有多大，当将麻绳加长1米时，绳圈的半径将始终比球体的半径长16厘米。

282页 时间间隔

第五个时钟的时间应该为1:30。右边时钟的时间与左边时钟的时间相差一半。时钟从左到右的时间依次为：24，12，6，3，1.5。

284页 空间智力？

A. 第四个图形的棕色和黑色角弄反了。B. 第四个图形的尾端弄反了。C. 第四个图形的面积不对称。D. 第四个图形旋转的方向不正确。E. 第三个图形的圆圈和椭圆应该为黑色，正方形和三角形应该为白色。

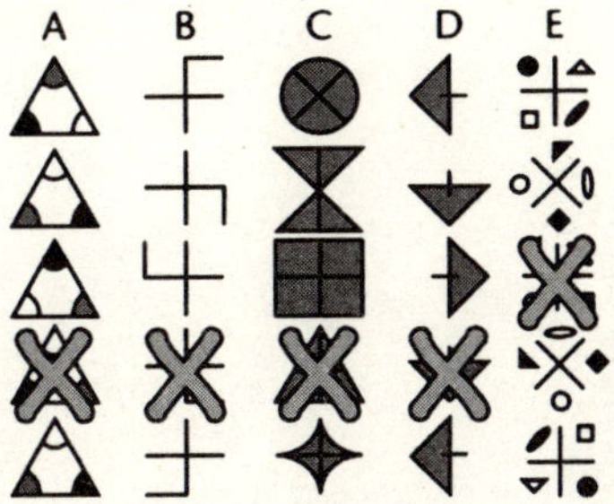